Wild auf
Wald & Wild

Katja Mentzel

Wild auf Wald & Wild

Inhaltsverzeichnis

Liebe Leserinnen und Leser,

Hand aufs Herz: Wie viele Kochbücher besitzen Sie, die sie noch nie aufgeschlagen haben, geschweige denn, dass Sie je daraus ein Rezept nachgekocht hätten? Ich gebe es zu, ich habe davon etliche. Aber das Büchlein, das Sie hier in Händen halten, werden Sie nicht einfach im Bücherschrank vergessen; denn, es ist kein Kochbuch – ja, es ist auch ein Kochbuch, aber eben nicht nur. Das ergibt sich fast logisch, wenn man weiß, dass die Autorin eine ehemalige Vegetarierin ist und über das Jagdhandwerk an den Wildfleischtopf gelangte. Als Mutter und Naturpädagogin kommen natürlich weitere Kompetenzen hinzu, die die Rezeptur zu diesem Buch verfeinern. Hier treffen mal ganz andere Geschichten rund um die Jagd auf einfache aber leckere Wildgerichte, angereichert durch Spiel- und Bastelideen für Kinder. Die Kleinen können so kindgerecht ihre Neugier auf Wald und Wild entdecken und ausleben, etwas über das Handwerk der Imker aber auch über Wiesenkräuter lernen. Um das Nachkochen etwa von Gulasch, „Wildes Surf and Turf" oder Brombeermarmelade kümmern sich dann Mama und Papa am besten gemeinsam mit den Kindern, wenn sie vom Waldspaziergang zurückgekehrt sind. Und ein bisschen nachdenklich wird es daneben, wenn Katja Mentzel zum Beispiel Menschen im Altenwohnheim besucht und ihnen den Wald in die Einrichtung mitbringt. Ganz unaufdringlich, beinahe nebenbei, lernen hier Nichtjägerinnen und Nichtjäger Fachbegriffe aus der jagenden Zunft. Spielerisch lernen die Kinder sich mit der Natur auseinanderzusetzen und kulinarisch entsteht die Liebe zu nachhaltiger und gesunder Ernährung aus unseren Wäldern. Also wirklich ein Buch für jede Generation, wie ich finde, und daher ein Buch für die ganze Familie.

Landwirtschaftsminister Mecklenburg-Vorpommern

Bei der Lektüre wünsche ich Ihnen ganz viel Freude und reichlich Spaß dabei, die tollen Vorschläge für Aktivitäten im Freien auszuprobieren und natürlich guten Appetit mit den nachgekochten Rezepten.

Till Backhaus

Ihr Dr. Till Backhaus

Nachhaltigkeit mit dem Herzen

Wer Katja Mentzel kennt, weiß: Sie ist ein Herzensmensch.
Sie engagiert sich schon seit vielen Jahren für den Landesjagdverband Mecklenburg-Vorpommern.
Ihr besonderes Steckenpferd ist der Lernort Natur.
Und als wir sie fragten, ob sie Lust hätte, einer ersten Buchidee Leben einzuhauchen, war sie, zugegebenermaßen nach kurzem Zögern, mit Feuereifer an Bord.
So haben wir sie ins kalte Wasser geworfen. Doch sie liebt Herausforderungen und hat mit ihrer unbedarften und auch unkonventionellen Art ein Erstlingswerk geschaffen, was die Jagd und auch ihre Sicht auf die Natur mit einer Ehrlichkeit widerspiegelt, die jeden Leser einfängt und mit in den Wald nimmt.
Sie zeigt uns, wie die Natürlichkeit der Einfachheit zu kleinen Wundern wird.

Geschäftsstelle des Landesjagdverbands Mecklenburg-Vorpommern

Das anderen Menschen näherzubringen, sie für die Dinge vor ihrer Haustüre zu sensibilisieren, sie mit der Nase darauf zu stoßen, das ist für Katja Lebensglück.

Sie selbst lebt mit ihrer Familie auf einem Hof in der mecklenburgischen Provinz gemeinsam mit Hühnern, Pferden, Schafen und Hunden. Ein großer Gemüse- und Kräutergarten sowie ihr Jagdrevier vor ihrer Haustür sind ihr Supermarkt und eine Quelle für viele ihrer Ideen und ein Ort der Ruhe und Besinnung.

Kommt mit und lasst euch inspirieren, denn dieses Buch hat Katja Mentzel für euch geschrieben.

Viel Freude mit diesem Buch wünscht euch das Team der Geschäftsstelle des Landesjagdverbands Mecklenburg-Vorpommern

Winter

FC BAY
TROLLKIDS

Wie ich selbst zum Jagen kam

Zehn Jahre war ich überzeugte Vegetarierin. Heute bin ich Jägerin. Wie geht das denn? Diese Frage hatte ich mir komischerweise nie gestellt. Aber Freunde fragten mich hartnäckig, wie es dazu kam. Und da kramte ich mal nach in meinem Gehirn. Vegetarierin war ich geworden, weil ich mit den grausamen Tiertransporten und der Massentierhaltung nichts mehr zu tun haben wollte.

Mein Mann war, noch aus seiner WG-Zeit als Tiermedizin-Student, an ein altes Versprechen gebunden. Seinen Kumpels — alle drei Jäger — hatte er damals zugesichert, gemeinsam mit seinem Sohn Tillman den Jagdschein zu machen, wenn der das nötige Alter erreicht hätte. Obwohl sie zu diesem Zeitpunkt kein sonderlich gutes Verhältnis hatten, erinnerte ihn Tillman selbst daran, als die Zeit gekommen war: Den Jagdschein wollte er zusammen mit seinem Vater machen.

Da ich zuhause die „Bürotante" bin, kümmerte ich mich um die Anmeldung und blieb immer wieder bei Herrn Google hängen. Immer öfter tauchte ich selbst in die Welt der Jagd ein und sehnte mich plötzlich danach, mich den beiden anzuschließen. Zunächst wurde mir aber etwas Wichtiges klar: Der Jagdschein der beiden, der war eine Sache zwischen Vater und Sohn. Als Mutti hatte ich da nichts zu suchen. Ich jagte also weiter durchs Internet. Durch Zufall landete ich auf der Website „Lernort Natur", die unter anderem auch Ausbildungen zum Naturpädagogen anbot. Schon beim Lesen der Beschreibung machte mein Herz einen Hüpfer. So wie die Ausbildung beschrieben war, passte es perfekt: Als Ausgleich zur Schreibtischarbeit raus in die Natur! Lernen, Natur mit allen Sinnen zu erleben — und ganz besonders mit den Augen der Kinder.

Das sollte meine neue Aufgabe werden. Um dafür zertifiziert zu werden – das bedeutet, die Erlaubnis zu erhalten — benötigte man einen Jagdschein. Deshalb meldete ich mich für einen Jagdscheinkursus an. Nach meinen Männern versteht sich. Insgeheim fand ich es sogar besser, da ich mit beiden Ausbildungen zusammen am Ende mehr Wissen erworben haben würde.

Die Zeit der Ausbildung habe ich genossen. Mehrere Wochen saß ich als Nichtjägerin überwiegend mit Jägern zusammen und hörte mir am Feuer Geschichten über ihre erfolgreichen und nicht so erfolgreichen Jagden an.

Irgendwann kroch dann doch ein kribbeliges Gefühl durch meinen Magen, und ich stellte mir die Frage: Könnte ich überhaupt ein Tier erlegen? Die Antwort hatte ich schneller, als erwartet. Nach einem Einsatz als angehende Naturpädagogin bei den Landeswild- und Fischtagen in Ludwigslust mit einer befreundeten Jägerin ergab sich nämlich schon die Möglichkeit. Wir hatten einen intensiven Tag hinter uns und konnten schon auf dem Heimweg viel Wild sehen. Pardon. Im Jägerlatein heißt das „Anblick". Meine Freundin warf einen Blick auf die Uhr und meinte, jetzt sei die beste Zeit, um auf Jagd zu gehen.

Mit etwas zu großen Gummistiefeln und Gehörschützen in den Händen machten wir uns auf den Weg ins Revier. Ein geeigneter Ansitz für uns zwei Mädels war schnell gefunden, der Wind kam aus der richtigen Richtung, und wir kletterten auf die Ansitzleiter. Schon beim Hinaufklettern kribbelte es ordentlich in meinem Bauch. Wir hatten vorher abgesprochen: Leise sein! Wenn sie dann das Gewehr auflegt und in den Anschlag geht, sollte ich mir sachte die Gehörschützer aufsetzen.

Zu schweigen, fiel mir ganz schön schwer, weil ich ein sehr gesprächiger und hibbeliger Mensch bin. Mir schoss der Gedanke durch den Kopf: Oje, das ist wohl doch nix für mich. Weiter kam ich nicht. Neben mir erhob sich ein Arm, das Gewehr wurde aufgelegt, ich legte mir vorsichtig die Schützer an, und schon fiel der Schuss. Es dauerte, bis ich realisiert hatte, was passiert war. Ich sah dort das tote Reh liegen und wollte zu sprechen beginnen. Da wurde ich sachte angetippt, um nach rechts zu schauen. Dort stand ein Rehbock. Die Waffe wurde erneut aufgelegt. In meinen Ohren fing es an zu rauschen. Mein eigener Herzschlag wurde immer lauter und übertönte sogar den zweiten Schuss. Da lag (nun auch) der Bock. Meine Gefühle fuhren so stark Achterbahn mit mir, dass meine Freundin mich ganz entsetzt anschaute und fragte, ob ich weinen müsse. Ich werde das Gefühl nicht vergessen, wie ich die Gehörschutze abnahm, sie anlächelte und „nein" sagte.

Zum Jagen gehört, nicht nur Naturschutz und Wildhege: Tieren das Leben zu nehmen, gehört auch dazu Damit ist eine tiefgreifend nachhaltige Entscheidung verbunden, die jedem Jäger bewusst sein sollte. Es geht nämlich nicht darum, einfach Tiere abzuknallen. Was alles zum

Jagen gehört, darauf gehe ich vielfach in diesem Buch ein. Ich war zwar sehr aufgeregt, aber es hatte mich nicht erschüttert. Ich konnte damit leben. Und mich bei ihr für das Erlebnis bedanken. Jetzt konnte ich mit Sicherheit sagen, dass ich mich auf das Abenteuer Jagd einlassen wollte. Gemeinsam öffneten wir die Körper der erlegten Tiere (das nennt man „aufbrechen"). Ich hielt das erste Mal eine noch warme Leber in der Hand. Ohne Ekel zu empfinden. Ich fand es einfach spannend, die Organe einmal selbst auf bedenkliche Merkmale zu untersuchen und festzustellen, ob es sich um ein gesundes Tier handelte.

Es gab in diesem Jahr zu viel Wild im Wald, das zu viele frisch angepflanzte Bäume abfraß. Deshalb sollten einige Rehe erlegt werden. So hatten es Förster und Jäger beschlossen. Heute kann ich die Frage, wie ich von der Vegetarierin zur Jägerin wurde, nur so beantworten: Meine Beziehung zum Fleischessen hat sich nachhaltig verändert. Alles, was mit dem Jagen zusammenhängt, tue ich ganz bewusst. Das fängt beim Beobachten an und endet damit, Tiere zu erlegen und selbst zu verarbeiten.

Seitdem ich wieder Fleisch esse, achte und schätze ich, was ich auf dem Teller habe, und nehme es nicht für selbstverständlich. Denn wenn ich auf die Jagd gehe, komme ich meistens mit leeren Händen nach Hause. Man darf nämlich nicht einfach jedes Tier erlegen. Generell gilt die Regel: schwach vor stark und jung vor alt.

 Basteln

Kaminanzünder selbst herstellen

Wir benötigen:

- Wachsreste
- Sägespäne
- Alte Kuchenkastenform
- Alter Topf
- Holzlöffel

Für den Anzünder eignet sich jeder Wachsrest. Die Wachsreste in einem Topf schmelzen (nicht zum Kochen bringen!). In den Wachsresten können noch Dochte stecken. Diese bitte aus der Masse „fischen“.

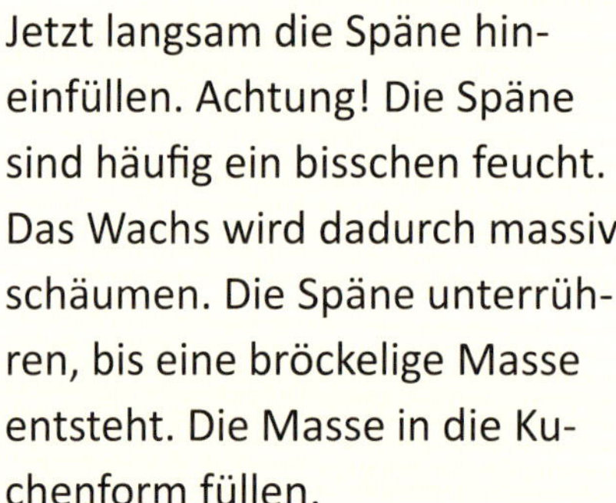

Jetzt langsam die Späne hineinfüllen. Achtung! Die Späne sind häufig ein bisschen feucht. Das Wachs wird dadurch massiv schäumen. Die Späne unterrühren, bis eine bröckelige Masse entsteht. Die Masse in die Kuchenform füllen.

Mit einem Stück Holz oder ähnlichem feststampfen.
Beim Festdrücken entweicht das flüssige Wachs. Das ist völlig problemlos.
Wenn alles ausgehärtet ist in Stücke brechen oder schneiden und fertig ist der Anzünder.

Spiel

Plane drehen

Dieses Spiel eignet sich sehr gut für eine große Gruppe ab 8 Teilnehmern.
Für das Spiel benötigt man eine Plane, die so groß ist, dass alle Personen darauf passen.
Ziel ist es, die Plane zu drehen, ohne das einer neben sie tritt.
Gar nicht so einfach.
Teamwork mit Zehenspitzengefühl.

Rezept

Gebratene Wildfilets

Rezept für 2 Personen

Vorbereitung ca. 15 Minuten,
Zubereitung ca. 10 Minuten,
insgesamt 25 Minuten

Zutaten:

- 500 g Wildfilets (egal ob Schwarz-, Dam-, oder Rotwild)
- eine kleine rote Zwiebel
- 1 bis 2 Knoblauchzehen
- 5 halbierte Cherry- oder Rispentomaten
- Öl zum Anbraten
- 2 Zweige frischer Rosmarin

- etwas Rotwein
- Balsamicoessig
- Kochsahne
- Agavendicksaft
- Salz und Pfeffer (am besten frisch aus der Mühle)

Zubereitung:

Die Filets mit kaltem Wasser kurz abspülen, trocken tupfen, von eventuell noch vorhandenen Silberhäuten befreien und in ca. 3 cm breite Scheiben schneiden.

Den Knoblauch und die Zwiebeln wie gewohnt pellen und in dünne Scheiben oder Ringe schneiden.

Die Tomaten waschen und längs halbieren.

Die Filetstücke in heißem Fett anbraten, bis sie eine leichte Kruste gebildet haben, dann wenden und erst nach dem Wenden mit Salz und Pfeffer würzen.

Dann die Zwiebeln und den Knoblauch mit anbraten und kurz danach den Rosmarin und die Tomaten hinzufügen und die Pfanne zwischendurch immer etwas durchschwenken, sodass nichts anbrennt.

Wenn alles schön angebraten ist, das Ganze mit etwas Rotwein ablöschen, einige Spritzer Balsamicoessig und Agavendicksaft sowie Sahne nach Belieben hinzufügen.

Das Ganze kurz aufkochen lassen, mit Salz und Pfeffer abschmecken und vom Herd nehmen, solange die Filetstücke noch nicht komplett durchgegart, sie im Kern also noch weich sind.

Dazu passt sehr gut Rucola-Salat mit geriebenem Parmesan und Balsamico-Dressing sowie frisches Baguette.

Die Natur macht, was sie will!

Die Natur macht, was sie will. Da habe ich die letzten Tage viel Zeit auf dem Ansitz verbracht und nicht einmal Anblick von bejagbarem Wild gehabt.

Das soll heute anders werden. Ich schnappe mir unseren Hund Arthur, um schnell eine Waldrunde zu drehen, denn ich brauche noch Zapfen für den nächsten Waldtag. Aus einer schnellen wird eine sehr langsame Runde. Kaum sind wir in den Waldweg eingebogen, steht Arthur vor. Das heißt: Er steht stocksteif da und hat die linke Vorderpfote angewinkelt. Arthur ist ein Deutsch Drahthaar und gehört zu den Vorstehhunden. Durch das Vorstehen zeigt er an, dass er etwas in der Nase hat, etwas wittert.

Und tatsächlich: Nicht weit von uns entfernt stehen drei „Stücke" Damwild. So nennen die Jäger die Tiere, die sie zu festgelegten Zeiten erlegen dürfen. Zu den Schonzeiten, zu denen sie ihren Nachwuchs großziehen, ist das Bejagen grundsätzlich verboten. Es dauert ein bisschen, bis ich sie sehen kann, denn farblich passen sie sich dem verfärbten Laub an, und wie immer, wenn ich nur kurz loswill, habe ich kein Fernglas dabei.

Mit zusammengekniffenen Augen kann ich erkennen, dass es sich um einen Hirsch und zwei weibliche Tiere handelt. Wie schade. Hätte ich einen Blick durchs Glas werfen können, wären mir bestimmt noch ein paar Merkmale aufgefallen, um ihr Alter bestimmen zu können.

Das Damwild zieht weiter und wir auch. Schnell ist die erste Kiefer gefunden und ich kann viele Zapfen sammeln. Mit der vollen Tüte treten wir den Heimweg an. Kurz vor unserem Ziel steht Arthur wieder vor. Diesmal sind es zwei Rehe, die durchs Unterholz kriechen. Welch eine spannende Zapfensammlung!

Basteln

Memoryspiel

- 8 Walnüsse
- 8 verschiedene Acrylfarben
- 1 spitzes Messer, um die Nüsse sauber aufknacken zu können

Die Nüsse ausschaben, Innenseite farbig ausmalen und fertig ist das Memoryspiel!

 Spiel

Wie weit springt ein Wildtier?

Waldspitzmaus: 80 cm
Grasfrosch: 1 m
Eichhörnchen: 2 m
Feldhase: 3 m
Fuchs: 4 m
Wildschwein: 4 m
Reh: 6 m
Rothirsch: 10 m

Spielvorbereitung:
Ein 15 m langes Seil, ein Zollstock, rote und blaue Klammern: Die blauen sind für die Tiere, die Pfoten haben, die roten für die, die Hufe (Schalen) haben.
Als erstes wird das lange Seil auf die Erde gelegt.
Von vorn nach hinten wird am Seil entlang veranschaulicht, wie weit das jeweilige Tier springen kann – von der Maus bis zum Rotwild. Die Spielleitung klemmt die Tierfotos dazu an.

Je nach Alter können die Kinder am Seil entlang einen Dreisprung machen oder mit Anlauf springen. Mit dem Dreisprung kommt man weiter.
So weit springen wie ein Wildtier... gar nicht wo einfach, aber ein großer Spaß.

Tipp: Die Fotos mit den Klammern kann man auch für das Spiel **„Wer bin ich?“** nutzen: Jedes Kind bekommt ein Tierbild an den Rücken geklammert und muss durch Fragen an die anderen Kinder herausbekommen, welches Wildtier ihm auf dem Rücken klebt.

Rezept

Kalt-Räuchern – hier Wildschwein

Zutaten:

Bauch, Rücken oder Teile der Keule des Wildschweins

für 1 kg Fleisch benötigt man:

- 40 g Nitritpökelsalz
- 4 g Zucker oder Honig

Gewürze:

- 1 Knoblauchzehe
- ½ Teelöffel Senfkörner
- 3 Wachholderbeeren
- 5 g Pfeffer

So bereiten wir das Fleisch vor:

Alle Gewürze in einem Mörser kleinstoßen, mit Zucker und Salz vermischen und das Fleisch darin wenden. Anschließend das gewürzte Fleisch vakuumieren und für zwölf Tage in den Kühlschrank legen.

Das Fleisch nach diesen zwölf Tagen aus dem Beutel nehmen und die Gewürzbestandteile grob abstreifen.

Drei Tage in einem kühlen Raum hängend abtrocknen lassen.

Tipp: Ideal zum Aufhängen ist Küchengarn. Um das Garn zu sterilisieren, kann man es vorher in hochprozentigen Trinkalkohol einlegen.

Räuchern:

Geräuchert wird in drei Durchgängen bei 15°C.

Durchführung: zwölf Stunden kalt räuchern, dann zwölf Stunden ruhen lassen

Wichtig: Achten Sie darauf, dass es während des Räuchervorgangs möglichst geringe Temperaturschwankungen gibt. Das Verhindert die Feuchtigkeitsbildung. Nach dem letzten Räucherdurchgang das Fleisch drei Tage ziehen lassen.

Ein Tag als Jägerin

Endlich einmal wieder ein Tag, an dem ich Ruhe und Zeit finde, um auf die Jagd zu gehen!
Ein Blick auf die Jagd-App zeigt mir an, wie der Wind steht.
Und ich schaue, auf welche Kanzel ich mich in der passenden Windrichtung setzen kann. Auf dem Ansitz spüre ich eine leichte Aufregung. Liegt bestimmt daran, dass ich momentan die meiste Zeit mit Gruppen im Wald und auf dem Feld verbringe und selten auf der Jagd bin. Umso intensiver nehme ich diese willkommene Auszeit wahr. Schließe die Augen, atme tief ein und genieße einfach, dass ich endlich in Ruhe in der Kanzel sitze.
Vor Ort prüfe ich die Windrichtung noch einmal mit Pulver oder alternativ auch mit Seifenblasen.
Das hat diesmal ein wenig gedauert, denn sobald ich die Waffe in die Hand nehme, geht mein Puls schneller. Wirst Du heute Anblick haben? Kommst Du zum Schuss? Kannst Du die Entfernung richtig einschätzen? Beim letzten Mal hast Du zu tief geschossen … Tausend Fragen geistern durch meinen Kopf.

Die geladene, zum Schuss bereite Waffe steht neben mir, Fernglas und Handy liegen an Ort und Stelle. Jetzt heißt es: Augen und Ohren auf. Die Aufregung legt sich langsam, und ich kann mich auf die Umgebung konzentrieren.

Nach der Anspannung kommt die Entspannung.)

Der weite Blick in die Landschaft lässt so manches Alltagsproblem vergessen. Die Blätter rauschen, Vogelstimmen, Hundegebell aus dem Dorf, Brummen einer Maschine und der weite Blick über ein riesiges Feld in die Ferne.

Jedes Mal würde ich diese Momente gerne mit jemandem teilen. Empfände ein Stadtmensch das gleiche wie ich, die jeden Tag den weiten Blick genießen kann? Was macht es denn eigentlich innerlich mit mir?

Mich beruhigen die Stunden auf Ansitz ungemein, und ich habe das Gefühl, dass meine Sinne immer schärfer werden.

150 Meter von mir entfernt geht eine Familie am Feldrand spazieren. Ich kann fast jedes Wort verstehen, weil ich mich nur auf ihre Stimmen konzentriere, und der Wind aus ihrer Richtung kommt. Neben mir im Gebüsch nehme ich ein gleichmäßiges Klopfgeräusch wahr, das dem Pochen eines Spechtes ähnelt, aber leiser ist. Es ist bestimmt ein Vogel, der versucht eine Nuss aufzuknacken.

Mittlerweile sind zwei Stunden vergangen. Ich habe viele Vögel gehört, das erstaunlich laute Rascheln unter mir von einer klitzekleinen Maus – aber ein Wildtier habe ich nicht entdeckt. Viel Zeit bleibt mir auch nicht mehr, denn die Dämmerung nimmt langsam Einzug. Das Büchsenlichtende ist erreicht.

Ich mache mich mit tausenden Eindrücken auf den Heimweg.

Auch das ist Jagd.

 Basteln, Spielen, Lernen: Müllsammeln

Alle Teilnehmer sammeln Stöcke und Zapfen.
Aus den Stöcken konstruieren wir einen Mülleimer.
Wenn dieser fertig ist, bekommt jedes Kind etwa fünf Zapfen.

Wir stellen uns mit ca. 2 Metern Abstand um den „Eimer" herum. Beim Abstand kommt es immer aufs Alter der Kinder an.

Die Kinder versuchen nun nacheinander mit ihren Zapfen den Mülleimer zu treffen und nennen jedes Mal einen Gegenstand, der nicht in den Wald gehört. Zum Beispiel Glasflaschen, Plastikbecher …

 Spiel

Waldentdeckungen

Material:
ein kleines weißes Laken

Auf dem Weg durch den Wald sammelt der Spielleiter sechs Gegenstände, die sich am Wegesrand befinden.
Bei einem kurzen Stopp steckt man die Gegenstände ins Laken und legt dieses verdeckt auf den Boden.
Für einen kurzen Moment lässt man die Kinder einen Blick drauf werfen und schickt sie mit der Aufgabe los sie noch einmal zu suchen und sechs Haufen zu bilden.

 Rezept

Wildschweingulasch

Zutaten:

- 2,5 kg Fleisch vom Wildschwein
- 1 Bund Suppengemüse
- 3 große Gemüsezwiebeln
- 500 ml Wildfond
- 4 Flaschen Schwarzbier
- 3 rote Spitzpaprika
- 3 Knoblauchzehen
- 1 bis 2 Esslöffel Mehl
- 1 bis 2 Esslöffel Salz, Pfeffer, Paprika edelsüß, Tomatenmark
- 150 ml Rotwein

Zubereitung:

Das Fleisch in ungefähr 5 cm große Stücke schneiden, mit Mehl bestreuen und dieses einmassieren. Dann das Fleisch in etwas Butterschmalz gleichmäßig anbraten.

In der Zwischenzeit das Suppengemüse und die Zwiebeln klein schneiden. Nun das Fleisch aus dem Bräter nehmen und das Gemüse und die Zwiebeln und den kleingehackten Knoblauch kräftig anschwitzen.

Etwa 1 Esslöffel Tomatenmark dazu geben und mit dem Gemüse anbraten. Nun mit dem Rotwein ablöschen und diesen fast verkochen lassen.

Jetzt den Wildfond, 2 Flaschen Bier und die Gewürzmischung hinzugeben und das Fleisch wieder in den Topf geben.

Den Bräter verschließen und bei 160°C Umluft für 2 Stunden in den Backofen geben. Zwischendurch immer wieder den Flüssigkeitsstand überprüfen und wenn nötig mit dem restlichen Bier nachfüllen.

Nun den Spitzpaprika in Streifen schneiden, nach ca. 2 Stunden dazugeben und etwa 1 Stunde mitkochen lassen.

Danach mit Salz, Pfeffer und Paprika abschmecken.

Wichtig: Regelmäßig Flüssigkeitsstand kontrollieren.

Frühling

Frühlingsgezwitscher liegt in der Luft

Wie jeden Morgen schaue ich vom Badezimmerfenster aus auf den Hof, auf dem eine große Linde steht. Aber heute hat sich irgendetwas verändert. Ich hab's: Langsam hält der Frühling Einzug. Nicht weil die Blätter an den Bäumen sprießen. Nein.

Es ist das Vogelgezwitscher, das aus der Linde tönt. Mit bloßem Auge kann man die Vögel kaum sehen, dafür aber lautstark hören. Wie wäre es doch schön, genauer zu wissen, welche Vögel sich dort oben tummeln. Um es sich zu diesem Zweck mit einem Fernglas auf einem Stuhl gemütlich zu machen, bräuchte man mehr Zeit. Die habe ich leider nicht.

Ich bin heute nämlich wieder mit einer Horde Kinder verabredet. Wir wollen es den Vögeln nachmachen und ein Nest um ein Ei bauen. Jedes Kind bekommt ein rohes Ei und hat die Aufgabe, ein Nest zu basteln, in das es eingehüllt wird. Voller Tatendrang treten wir unseren Marsch durch den Wald an. So stapfen wir zwischen den Bäumen umher. Eine seltsame Ruhe breitet sich in unserer Runde aus. Ich bin ein wenig verwundert, weil die Kinder sonst immer mit vollem Eifer dabei sind. Irgendwann komme ich dahinter: Sie sind so damit beschäftigt, das Ei in ihrer Hand zu schützen, dass sie sich nicht trauen, sich zu bücken oder zu rennen.

Ich muss schmunzeln und hole eine Schachtel Eier hervor, in der sich Ersatzeier befinden. Alle atmen auf und fangen fleißig an zu sammeln. Moos, kleine Stöckchen, lange Gräser.

Weiter geht unsere Tour.
Ich selbst zupfe mir ein Stück Farn ab, weil er mir so perfekt erscheint.
Da ertönt eine Stimme hinter mir: „Farn steht doch unter Naturschutz!“
Mir wird heiß und kalt und ich laufe rot an, denn die Kinder schauen verwirrt zu mir.
Peinlicher geht’s wohl nicht.
Auch ich war wohl zu sehr damit beschäftigt, Zutaten für ein tolles

Nest zu sammeln, dass ich gar nicht weiter nachgedacht habe. Die kleine Blamage war nicht umsonst, denn so kann ich die Kinder noch darüber aufklären, dass es viele verschiedene Arten von Farn gibt und der Königsfarn ganz besonders geschützt ist, weil er nur noch selten in unseren Wäldern wächst. Nachdem der Schreck überwunden ist, geht's weiter ans Werk.

Als sich alle Vogelnestbauer einig sind, genug Material zu haben, suchen wir nach einer geeigneten Kanzel. Das ist einer der Hochsitze im Wald.
Sie dürfen nur nach Absprache mit den jeweiligen Jägern betreten werden, in deren Revier man sich aufhält.
Bevor wir dort hinaufklettern, werden mit viel Eifer unterschiedliche Nester gebaut. Die Kinder stöhnen oder lachen, weil alles nicht so halten will, wie gedacht, aber dann ist es endlich vollbracht.
Nun kommt der wohl spannendste Teil. Ein Kind nach dem anderen klettert den Hochsitz hinauf und wirft sein Nest im hohen Bogen durch die Luft. Einige Nester lösen sich während der Flugphase schon leicht auf, so bleibt es also spannend, in welch einem Zustand sich die Eier wohl befinden. Die Kinder rennen zu ihren Nestern.
Ergebnis: Alle Eier sind heil.

Die Verwunderung ist groß, die Kinder können es gar nicht fassen!
Sofort gehen sie wieder ans Werk, um ein neues Nest zu bauen und das Experiment zu wiederholen. Mit dem gleichen Ergebnis. Alle Eier bleiben heil! Ein kleiner Kämpferdrang gegen das Ei flammt auf. Es muss doch kaputt zu kriegen sein! Mit aller Kraft probieren sie es, nunmehr ohne das schützende Nest.
Egal ob weit oder ganz hochgeworfen wird, alle Eier bleiben heil. Bis ein sehr kleiner Fußballheld auf die Idee kommt, ein Ei zu kicken. Da endlich: Das Ei platzt.
Um die anderen Eier und die Kleidung zu schonen, muss ich das Spiel stoppen. Gemeinsam stellen wir fest, dass rohe Eier ganz schön robust sind. Somit haben auch Eier, die in einem Nest liegen bleiben, das vom Sturm aus einem Baum gefallen ist, noch eine kleine Chance, ausgebrütet zu werden. Außerdem kommt es darauf an, auf welchen Untergrund sie fallen. Der Hochsitz, an dem wir uns befinden, steht auf einem Feld, auf dem Schafschwingel (ein besonders hartes Gras) wächst, der sich anfühlt wie ein dicker, federnder Teppich.
Da haben wir's!

WALDREGELN zur Brut & Setzzeit

Im Frühling fangen nicht nur die Pflanzen an zu blühen. Die Natur wird zur Kinderstube. Ab dem 1. April bis zum 15. Juli ist die Brut-, Setz- und Aufzuchtzeit. In dieser Zeit fangen die Vögel an zu brüten und viele Wildtiere bringen ihre Jungen zur Welt. Für uns Jäger bedeutet es, dass wir zu der Zeit besonders vorsichtig und umsichtig jagen. Wir achten ganz besonders auf die Mutter- und Jungtiere, schützen sie und versuchen sie vor Gefahren zu bewahren. Aus diesem Grund ist es uns wichtig alle anderen Naturfreunde besonders zu sensibilisieren. Sie sollen sich an folgende Regeln halten: Im Wald und auf Feldwegwegen verhalten wir uns ruhig. Unsere Hunde sind angeleint und wir bleiben auf den Wegen. Und sollten wir auf einen jungen Hasen, ein Rehkitz oder anderes Jungwild treffen, dürfen wir es nicht anfassen und müssen Abstand halten, denn es hat Angst vor uns und die Mütter würden es nicht mehr annehmen, wenn es nach uns Menschen riecht. Die Muttertiere legen Ihre Jungen ab, um sich auf Nahrungssuche zu begeben, kommen aber immer wieder zurück.

 Basteln

Nester bauen

• Holzscheibe:
geeignet sind Pappel, Weißtanne, Fichte, Kiefer, Weide, Douglasie, Erle, Linde

Wir brauchen außerdem:

- biegsame dünne Äste
- Nägel
- Heu

Die Nägel werden in einem Kreis auf die Holzscheibe genagelt. Dann schlängelt man die Äste abwechselnd durch die Nägel.

Anschließend macht man sich auf die Suche nach einer kuschligen Einlage.
Die Vögel nutzen dazu viele Gegenstände aus ihrer Umgebung. Ich habe mal ein Nest bei uns gefunden aus dem ich erkennen konnte, welche Tiere bei uns auf dem Hof leben. Es bestand aus Pferde- und Hunde-

haaren, Moos und Laub. Ein sehr kuscheliges Exemplar. Solltet ihr mal ein Vogelnest finden, schaut es euch von allen Seiten an und bewundert, was die Vögel aus ihren kleinen Schnäbeln für Wunder vollziehen, aber lasst es liegen. Vögel sind sehr oft von Milben befallen und die fühlen sich in den Nestern auch pudelwohl.
Wenn ihr mal ausprobieren möchtet, was für eine Arbeit die Vögel leisten, schnappt euch eine Wäscheklammer und sammelt mit ihr kleine Gegenstände, aus denen man ein Nest bauen könnte.

 Spiel

Eierspiele

Für die Kleinen:
Alle Kinder sammeln ganz viele Stöcke, die in einen Kreis gelegt werden. Diesen Kreis mit Laub und Resten von Baumschnitt z. B. von Kiefern, deren Nadel weich sind, ausfüttern.
Nun können alle hineinschlüpfen und es sich kuschelig machen.

Für größere Kinder oder Erwachsene:
Je nach Größe der Gruppe, die Kinder in kleine Gruppen einteilen. Jede Gruppe erhält ein rohes Ei.

Ich weiß, mit Lebensmittel spielt man nicht. Ich gehe davon aus, dass im Wald viele kleine Nesträuber leben – z. B. Igel oder Eichhörnchen – und sollte ein Ei kaputt gehen, freuen diese sich über die Mahlzeit.

Die Aufgabe ist es jetzt, um das Ei ein Nest zu bauen, das von einem Baum hinabfallen kann, ohne dass das Ei zerbricht. Vielleicht kennt ihr einen netten Jäger und dürft seine Kanzel nutzen.
Ansonsten werft ihr die Nester, so weit wie ihr könnt.

 Rezept

Standardrezept Waffeln mit Blaubeersoße

Zutaten Waffeln:

- 3 Eier
- 125 g Zucker
- 1 Pk. Vanillinzucker
- 125 g Butter oder Margarine
- 250 g Mehl
- 250 ml Milch
- 1 Prise Salz

Zutaten Blaubeersoße:

- 300 g Blaubeeren
- 2 Teelöffel Speisestärke
- etwas Wasser
- 2 Esslöffel Zucker
- 2 Esslöffel Honig
- etwas Zimt oder Vanilleextrakt, je nach Geschmack

Zubereitung Waffeln:
Eier, Zucker und Vanillinzucker miteinander verrühren, bis eine gleichmäßige Masse entsteht. Anschließend weiche Butter oder Margarine hinzufügen und unterrühren. Backpulver mit Mehl gut vermischen und zur restlichen Masse geben. Portionsweise in einem Waffeleisen ausbacken.

Die Blaubeersoße über die Waffeln gießen und mit ein paar ganzen Beeren dekorieren. Dazu passen auch z. B. Sahne, Eis, Fruchtsoßen und -chutneys oder Marmeladen.

Zubereitung Blaubeersoße:
Zutaten in einem Topf aufkochen und etwa 10 Minuten auf niedriger Stufe köcheln lassen. Nach Belieben mit Zucker abschmecken. Die Stärke in ein wenig Wasser anrühren und in die Soße einrühren, um diese anzudicken. Wer es feiner mag, kann die Soße durch ein feines Sieb passieren und damit die Kerne entfernen.

Jagen bis ins hohe Alter

Hinter Klaus und Uschi liegt ein langes, bewegtes Leben. Und der gemeinsame Teil dieses Lebens, das sie heute noch führen, ist alles andere als konventionell. Uschi ist 81, Klaus sogar schon 86 Jahre alt. Beide sind passionierte Jäger. Er seit 48 Jahren, und sie, seit sie im Alter von 56 Jahren ihren Jagdschein gemacht hat, nachdem er sie für das Jagen begeistert hatte.

Jeder der beiden hat einen Ehepartner und Kinder, trotzdem sind sie dicke Freunde geworden und geblieben. Auf manch einen wirken sie wie ein altes Ehepaar, das sich immer noch liebt.

Wie sie heute in ihrem hohen Alter das Jagen empfinden, was sich im Laufe der Jahrzehnte verändert hat, und warum sie sich immer noch fit genug dafür fühlen – all das erzählen die beiden in ihrem beheizten Bauwagen am Waldrand nahe einem Agrarbetrieb, bei dem sie Wasser und Strom beziehen.

Nach wie vor ziehen die beiden ganz ohne moderne Technik los.

Traditionell gehen sie ausschließlich während der Vollmondnächte auf die Jagd. Die übrige Zeit nutzen sie, um Revierarbeiten zu erledigen: Kanzeln reparieren, Büsche anpflanzen, Fährten untersuchen, Schadstellen an Bäumen feststellen und vieles mehr.

Uschi trägt noch immer die Waffe bei sich, die ihr Klaus vor 25 Jahren geschenkt hat. „Jagen, das Rauf- und Runterklettern auf den Hochsitz – all das hält mich fit“, sagt die freundliche, agile Seniorin. Dass sie ihr Revier beinahe auswendig kennt, macht ihr gar nichts aus. Und die Wildtiere, die dort leben, erkennt sie anhand ihres Verhaltens, am Gehörn und an der Gesichtszeichnung. Sie hat den Tieren sogar Namen gegeben.

Im Gegensatz zu Klaus hat sie pro Jahr nicht mehr als zwei bis drei Tiere erlegt. „Ich genieße lieber das ganze Drumherum, das große Schauspiel der Natur", sagt sie.

Klaus erlebt das Ganze etwas anders. Mit einem Drilling (das ist eine dreiläufige Waffe) hat er angefangen, heute schießt er am liebsten mit einer Waffe des Kalibers 30.06. Auch er will nicht ein Tier nach dem anderen erlegen, er schaut schon sehr genau hin. Aber irgendwann packt ihn das Fieber.

An ein Erlebnis erinnert er sich voller Stolz – und noch so genau, als wäre es gestern gewesen. Es ist aber schon sechs Jahre her: „An meinem 80. Geburtstag habe ich meinen Lebenskeiler geschossen", erzählt er. „Es war auf einer Drückjagd. Der Keiler rannte auf mich zu. Ich duckte mich hinter einer Baumwurzel und konnte ihn auf diese Weise spitz von vorne erlegen."

Klaus ist ein ruhiger Mann mit großem Herzen. Voller Liebe und Dankbarkeit erzählt er von seiner Familie und von seiner innigen Beziehung zur Natur. „Meine Frau hat gemerkt, dass es mich glücklich macht, auf die Jagd zu gehen. Sie selbst hat kein Interesse daran, und so hatte sie am Ende nichts dagegen ..."

Da fällt Uschi ihm ins Wort und beendet den Satz: „..., dass er mit mir loszog."

Dass er so oft habe draußen sein können, habe ihn von den vielen Krankheiten, die er durchmachen musste, immer wieder geheilt: „Das Dasein in und mit der Natur ist für uns beide ein Lebensquell."

 Basteln

Kunst aus Holz

Wir benötigen:

- Eine Leinwand
- Tuschkasten
- Pinsel
- Heißkleber
- Bleistift
- viele unterschiedlich lange Stöckchen

Male die Leinwand mit deiner Lieblingsfarbe an zeichne den Gegenstand, den du als Motiv nutzen möchtest, mit Bleistift darauf.
Lege die Stöcke auf das Motiv und markiere die Stellen, an denen die Stöcke gekürzt werden müssen, damit sie nachher dein Motiv ergeben.
Kürze die Stöcke und klebe sie vorsichtig auf.

Mobile

Wir benötigen:

- einen dickeren Ast
- Juteband oder Blumendraht
- gesammelte Schätze aus dem Wald – je nach Jahreszeit

Die gefundenen Schätze mit dem Juteband verknüpfen und am Ast befestigen. Fertig ist das Mobile.

 Spiel

Wir bauen ein Waldsofa

Hierfür sucht man sich einen Platz im Wald an dem viele Äste und Stämme liegen.
Alle Mitspieler werden losgeschickt welche zu sammeln.

Dann werden die dicksten Stämme und Äste nach unten gelegt und die dünneren Äste bzw. Moos, Laub usw. werden daraufgestapelt.

Bei der Form des Sofas kann man der Fantasie freien Lauf lassen.
Hoch, flach, im Kreis oder u-förmig bauen,
mit Wohnzimmertisch oder ohne, der Kreativität sind hier keine Grenzen gesetzt.

Kein Sofa ohne Wohnzimmertisch, denken sich hier die beiden Waldmöbelbauer.

Rezept

Wildes Ragout mit Tagliatelle (4 Portionen)

Pasta macht glücklich und wer, der kein Vegetarier ist, kann zu einer Bolognese schon „nein“ sagen. Bolognese kennt und kann jeder auf seine Art, aber wer mal über den Tellerrand hinausschauen und dem Standardgericht ein neues Geschmackserlebnis einhauchen möchte, der versucht sich an einem Wildragout zu Pasta.

Zutaten:

- Mindestens 1 kg Gulasch vom Wildschwein oder Damwild und 200 g Bauchspeck,
- 2 Zwiebeln
- 3 Karotten
- 3 Stangen Sellerie
- 150 ml Milch
- 200 ml Rotwein
- 2 Dosen geschälte Tomaten
- 500 ml Wildfond
- 2 Lorbeerblätter

Zubereitung:

In einem gusseisernen Topf (mit Deckel, den benötigen wir später) den gewürfelten Bauchspeck ausbraten und wieder entnehmen, dann in dem ausgebratenen Fett portionsweise (damit die Hitze im Topf erhalten bleibt) das Wildgulasch anbraten, bis es Farbe annimmt. Sollte zu wenig Fett im Topf sein, noch etwas Öl oder besser noch Butterschmalz hinzugeben.
Das Fleisch nach dem Anbraten entnehmen.

Die fein gewürfelten Zwiebeln im selben Topf glasig dünsten, die Karotten und Selleriestangen kurz mit andünsten und das Gulasch sowie den Bauchspeck wieder dazu geben. Erst die Milch angießen und unter Rühren verkochen lassen und danach den Rotwein angießen und ebenfalls unter Rühren verkochen lassen. Zum Schluss die Tomaten und den Wildfond mit den Lorbeerblättern dazu geben. Jetzt den Deckel drauf und bei ca. 150 °C für ca. fünf Stunden in den Ofen. Am besten über Nacht im ausgeschalteten, noch warmen Ofen abkühlen lassen.
Am nächsten Tag die Lorbeerblätter entnehmen und das Ragout beim zweiten Erwärmen auf dem Herd mit Pfeffer, Salz und wenn nötig etwas Zucker abschmecken. Parallel dann die Tagliatelle gemäß Verpackungsangaben kochen und mit dem heißen Wildragout servieren. Frisch gehackte glatte Petersilie passt als Garnierung dazu.

Sommer

Kräuter aus der Wiese

Wie schon oft ist heute ein Waldtag geplant, der eine innere Anspannung in mir hervorruft. Warum? Weil ich heute mit einer Gruppe von Erwachsenen in den Wald gehe, die schon viele Jahre Berufserfahrung mit Kindern gesammelt haben und von denen ich mir im pädagogischen Bereich bestimmt noch den einen oder anderen Tipp holen kann. Es sind alles Frauen. Und es wird wie immer spannend. Da wir neben der Teambildung eine Kräuterwanderung eingeplant haben, habe ich die Lehrerinnen eingeladen, nach dem Ausflug gemeinsam mit mir zu essen. Glücklicherweise haben wir einen intakten Lehmbackofen auf unserem Grundstück, in dem wir leckeres Fladenbrot backen wollen. Dazu passt wunderbar eine Crème mit frischen Kräutern aus der Natur.

Für die Vorstellungsrunde treffen wir uns unter dem Herzstück unseres Hofes, einer Linde. Denn da stelle ich schon die erste Wald- und Beobachtungsfrage. Nachdem ich mich vorgestellt und nachgefragt habe, ob ich die Teilnehmerinnen duzen darf, denn die Natur unterscheidet auch nicht zwischen Du und Sie, bitte ich sie alle einmal, den Blick über den Boden schweifen zu lassen und frage, ob ihnen irgendetwas auffalle.
Keinem fällt so recht etwas auf. Schade, denke ich, weil man es ziemlich deutlich sehen kann. Aber wenn ich ehrlich zu mir selbst bin: Vor ein paar Jahren hätte ich es auch nicht bemerkt. Je öfter ich mich aus dem Alltag bewusst in die Natur begebe, umso mehr nehme ich wahr.
Um das Rätsel aufzulösen:
Wir stehen unter einer Linde,

aber auf der Erde liegen lauter Zapfen. Woher kommen die wohl? Hier ist die Antwort:
In der Linde befindet sich eine Spechtschmiede!

Ein Raunen geht durch die Runde, und auf einmal sehen alle die Zapfen oder spüren sie unter ihren Sohlen. Mit so erweckten Sinnen machen wir uns auf den Weg zum Wald, um Kräuter zu sammeln. Auch für mich ist es das erste Mal, dass ich mich bewusst auf die Suche nach essbaren Kräutern mache.

Mit einem Bestimmungsbuch und einem Körbchen am Arm stapfen wir los. Eine erste kleine Aufgabe, um unseren Weg aufzulockern, kommt gar nicht gut an: Jede soll sich einen Stock suchen, der knapp bis über die Hüfte geht. Eine der Frauen findet das doof. Sie sagt, bei so einer albernen Sache sei sie nicht dabei.

Das wiederum macht mich ein bisschen sauer. In solchen Fällen kann es passieren, dass mit mir die Pferde durchgehen. Wie ich es auch bei den Kindern mache, entgegne ich ihr nämlich: „Dann bleib doch hier und schmoll'!" Wie kindisch auch wir Erwachsenen sein können ...

Schon als ich es ausspreche, tut es mir leid, aber als sie daraufhin antwortet: „Na gut, ich mache mit", bin ich perplex. Ich glaube, wir als Erwachsene sind viel gehemmter als die meisten Kinder und können deshalb manchmal schwerer über unseren Schatten springen. Wir lassen uns ab sofort nicht mehr beirren und wandern weiter.

Die Augen auf den Boden gerichtet ist schnell für jede ein passender Stock gefunden, den wir für das später folgende Spiel brauchen. Aber mit Kräutern am Waldweg – das ist wie die Nadel im Heuhaufen suchen. Da sich außerdem viele Menschen und Hunde am Wegesrand tummeln, beschließen wir nach kurzer Zeit, uns stattdessen eine Wiese zu suchen, auf der wir reichlich fündig werden:

Vogelmiere, Spitzwegerich, Giersch, Gänseblümchen, gemeiner Beifuß ... Wahnsinn, was auf ein paar Quadratmetern Wiese alles an Kräutern wächst! Und was noch erstaunlicher ist, bestimmt die Hälfte der feinen Pflänzchen, die wir gefunden haben, kann man essen. Mit einem vollen Korb – natürlich nur für den eigenen Bedarf – treten wir den Rückweg an.

Auf einer großen Lichtung machen wir halt. Jetzt kommen die Stöcke zum Einsatz.

Als erstes stellen wir uns im Kreis auf. Zu Anfang hält jeder seinen Stock fest, die zweite Hand auf dem Rücken. Sofort nach dem Loslassen wandert jede Teilnehmerin im Uhrzeigersinn von Stock zu Stock, bis alle wieder am eigenen Stock angekommen sind. Natürlich soll keiner der kurz losgelassenen Stöcke beim Wechseln umfallen. Nachdem wir diskutiert haben, wie wir das am geschicktesten hinkriegen, einigen wir uns. Eine gibt das Kommando „Jetzt!“. Dann lassen alle los und wandern. Jetzt und plumps – die ersten Stöcke liegen. Mit jedem nächsten „Jetzt!“ wird es besser. Kein Stock fällt mehr um, alle lachen und sind glücklich, als der eigene Stock sie wieder hat. Wir merken: Nicht nur Kinder haben Spaß am Spiel.

Jetzt haben wir uns eine Stärkung verdient. Da wir alle noch keine Erfahrung mit dem Verarbeiten von Kräutern im Essen haben („Wat de Buer nich kennt, dat frett he nich“), greifen wir lieber auf die gewohnte Petersilie und den Schnittlauch aus dem Hochbeet zurück und lassen es uns schmecken.
Die vielen schönen Kräuter haben wir dennoch nicht vergeblich gesammelt. Ich habe später für mich und meine Naturfreunde ein Herbarium daraus gemacht: Die Kräuter zwischen Buchseiten gepresst, nach dem Trocknen laminiert und mit einem breiten Füller beschriftet. Seitdem nutze ich mein kleines Herbarium, um Kindern unterwegs die Kräuter zu unseren Füßen zu erklären.

 Basteln

Blattkunst

Die Bäume stehen voll im Saft und die Kronen sind gefüllt mit tausenden von Blättern.
Diese Blätter kann man wunderbar abpausen oder anmalen und als Stempel nutzen. Jeder sucht sich seinen Lieblingsbaum aus schnappt sich ein weißes Blatt Papier und Wachsmalstifte oder Arcylfarben und schon geht's los. Wenn man Wachsmalstifte nutzt, legt man das Blatt unter das weiße Blatt und rubbelt kräftig mit dem Stift übers Blatt. Wenn man Farbe verwendet, ist ein bisschen mehr Geschick gefordert. Die Farbe wird vorsichtig mit dem Pinsel aufgetragen und dann ganz vorsichtig das Blatt mit der vollen Fläche auflegen und sachte drüber streichen oder wenn Mutti oder Oma es erlauben mit dem Nudelholz drüber rollen.

 Spiel:

Stocktanz

Jeder Mitspieler sucht sich einen hüfthohen Stock. Alle stellen sich im Kreis auf.

Zu Anfang hält jeder seinen Stock fest, die zweite Hand auf dem Rücken.

Ein Mitspieler wird als Spielleiter auserkoren. Dieser gibt das Kommando: „LOS!“. Daraufhin lassen alle ihren Stock los.

Nach dem Loslassen wandert jeder Teilnehmer im Uhrzeigersinn von Stock zu Stock, bis alle wieder am eigenen Stock angekommen sind.

Natürlich soll keiner der kurz losgelassenen Stöcke beim Wechseln umfallen. Gar nicht so einfach.

 Rezept

Fichtennadelbutter

Zutaten:

- weiche Butter
- Handvoll Fichtenspitzen, sehr fein geschnitten
- Spritzer frisch ausgepresster Zitronensaft
- Salz und Pfeffer

Zubereitung:

Die weiche Butter mit den Zutaten vermengen und im Kühlschrank kaltstellen – gut abschmecken.
Wer es zitronig mag, kann auch noch Zitronenzesten unter die Masse heben.

Tipp: die Fichte treibt im Mai

Summ summ summ – auf zur Imkerin!

Summ summ summ, Bienchen summ herum... Der betörend süße Duft der Lindenblüten ist an diesem warmen Junitag verebbt, die Blüten sind durch die Lüfte geflogen. Zurück bleiben die Nüsse – und nicht nur die. Auch die Bienen waren fleißig. Sie haben Nektar gesammelt.

Nun dürfen wir, drei Hortkinder und ich, heute zum ersten Mal bei einer Honigernte mithelfen.

Der Weg zu den Bienenkästen führt uns eine Lindenallee entlang, was bedeutet, dass unsere Bienen keinen langen Arbeitsweg hatten. Wir werden belehrt, all unsere Sinne zu schärfen, um Gefahren zu erkennen, damit wir beispielsweise nicht gestochen werden. Darum gilt es, frühzeitig zu bemerken, ob die Bienen unruhig werden. Um das zu verhindern, dürfen wir uns nicht schnell bewegen und müssen behutsam mit dem Werkzeug umgehen, das uns die Imkerin gegeben hat.

Spätestens als wir unsere Schutzkleidung angezogen haben, ist uns klar: Jetzt wird's ernst. Wir horchen gespannt auf die Anweisungen der Fachfrau. Sie entfernt den ersten Deckel des Bienenstocks, nimmt dann noch einen ab und dann eine Folie. Da kommen endlich die Waben zum Vorschein. Alles klebt ein wenig zusammen. Vorsichtig wird die erste Wabe herausgehoben. An ihr hängen noch vereinzelt Bienen.

Diese werden schonend abgefegt, dass sich ja keine mit in die Küche mogelt oder schlimmer noch, beim Transport der Waben zerquetscht wird.

Nach und nach werden die Waben in den mitgebrachten Körben verstaut. Auch wenn viel Anspannung in der Luft liegt, geht uns die Arbeit leicht von der Hand. Jeder achtet auf den anderen, ist hoch konzentriert und bewegt sich ganz sachte.

Nicht lange, und alle Waben sind entfernt. Die Bienenkästen werden wieder verschlossen.
Noch ein schneller Check, ob auch keine Biene mehr an der Schutzkleidung hängt, bevor wir uns wieder umziehen. Mit vereinten Kräften bringen wir die Körbe in die Küche.
Auf dem Weg wird schon gefachsimpelt, wie viel Honig wir wohl ernten werden.
Jetzt geht's, wie man so schön sagt, ans Eingemachte.

Die Waben werden vorsichtig, mit feinsten kleinen Bewegungen entdeckelt und in die silberne Schleuder gestellt.
Mit Kraft wird die Trommel gedreht. Wir lauschen gespannt. Wenn der Honig geschleudert wird, hört es sich an, als würde es regnen. Dann müssen wir uns noch ein paar Minütchen in Geduld üben, um den wohl spannendsten Moment so richtig auskosten zu können.
Der Hahn wird gedreht, und heraus fließt der goldene Saft. Er tropft durch ein feines Sieb in einen Eimer.
Der Honig verweilt noch ein paar Tage in den Eimern und wird täglich gerührt, damit sich keine Kristalle bilden. Wenn er dann in Gläsern abgefüllt im Kita-Regal steht, komme ich auf eine kurze Stippvisite vorbei, um mir eins zu stibitzen. Zuhause schmiere ich den goldenen Saft auf ein Butterbrötchen, und vielleicht süße ich damit sogar noch meinen Lindenblütentee.

 Basteln

Insektenhotel in der Dose

Wir brauchen:

- Konservendose(n) oder kleine Zinkeimer
- Schilfstängel, Durchmesser 3–8 mm (z. B. aus Sichtschutz-Schilfmatten)
- Silikonkleber, lebensmittelecht
- eine kleine Astschere zum Einkürzen der Stängel

Dose vor dem Befüllen mit einer Schraube durch den Boden an einer Wand befestigen oder sie mit Draht waagerecht an einen Ast oder Zaun hängen.

Wichtig: Auch wenn es ein paar Taler kostet, kauft das Schilf bitte im Baumarkt, denn das Schilf, das am Rande von Gewässern wächst, steht unter Naturschutz!

Warum steht Schilf unter Naturschutz?

Weil Schilfwurzeln keimtötende Substanzen absondern, wirkt Schilf gewässerreinigend und wird deshalb in Schilfkläranlagen verwendet.
Außerdem wurde und wird Schilf zum Decken von Hütten und Häusern geerntet und verarbeitet. Es wird zum Flechten von Matten, zum Heizen und in der Bauindustrie als Stukkaturrohr eingesetzt.

 Spiel

Summendes Bienchen

Alle Mitspieler sitzen im Kreis. Einer der Mitspieler wird als Biene auserkoren.
Allen anderen werden die Augen verdeckt.
Die Biene „fliegt“ durch den Raum, bleibt irgendwo stehen und summt.
Der Rest der Mitspieler zeigt dorthin, wo sie die Biene vermuten.

Nun ist die nächste Biene dran und sucht sich einen Platz zum Summen.
Je nach Alter der Mitspieler, kann man den Schwierigkeitsgrad erhöhen und zwei Bienen summen lassen.

 Rezept

Kräutercreme

Zutaten:
Wilde Kräuter je nach Saison
Rotklee, Kerbel, Gundermann, Gänseblümchen, Löwenzahn, Brennnessel
Entweder Quark, Joghurt, Skyr, Frischkäse, Schmand – eben das, was man am liebsten mag

Zubereitung:
Eine Handvoll Kräuter hacken und unter die aufgerührte Masse geben.
Je nach Belieben mit ein wenig Salz, grobem Pfeffer und einem Spritzer dunklem Balsamicoessig abschmecken

Wie ich alte Menschen in den Wald lockte

Heute geht es einmal nicht nach draußen, weil die Uromas und Uropas, die ich besuche, nicht mehr (allein) in den Wald gehen können. Die Menschen, auf die ich treffe, sind schon weit über 80 Jahre alt und zum Teil dement und/oder sehbehindert und können ihren Alltag nicht mehr allein gestalten. Mit gemischten Gefühlen bereite ich den Tag vor, weil ich mir in keiner Weise vorstellen kann, was mich bei ihnen erwartet.
Ich habe mir Folgendes überlegt: Wenn diese sehr alten Menschen nicht mehr in den Wald gehen können, dann bringe ich ihn einfach zu ihnen! In einem Eimer sammle ich Erde, Laub, Moos, Tannenzweige und Kastanien und decke alles ab, bevor ich das Pflegeheim betrete. Ein paar Felle zum Ertasten nehme ich auch mit.

Schon beim Eintreten in das Haus der Tagespflege fühle ich mich ein bisschen eingeschüchtert. Es riecht anders. Leise Stimmen sind zu hören, im Hintergrund läuft Musik.
Mit freundlichen Augen werde ich von einer Mitarbeiterin begrüßt und in einen großen Gemeinschaftsraum geführt.
Es kommt mir vor wie im Kindergarten – und trotzdem steigt ein beklemmendes Gefühl in mir hoch:
Alle sitzen in einer großen Runde am Tisch, aber die Augen, in die ich zu schauen versuche, sind leer. Ganz anders als bei den Kindern.
Wenn ich ehrlich bin, habe ich große Angst, etwas falsch zu machen. Warum? Ich nehme aber all meinen Mut zusammen und gebe mir einen Ruck. Nach einer Vorstellungsrunde taue ich langsam auf. Mit Hilfe der Angestellten wird der Eimer herumgereicht, sodass jeder einmal daran riechen und, wer mag, auch fühlen kann.

Da unterscheidet sich nichts mehr im Verhalten zu den Kindern. Der eine findet es eklig, als er in den Eimer fasst, und lässt uns das lautstark spüren. Andere gehen mit Bedacht ran und genießen den Duft der Erde und des frischen Laubes. Nachdem jeder den Eimer auf dem Schoß hatte, habe ich das Gefühl, wir alle sind ein wenig aufgetaut.

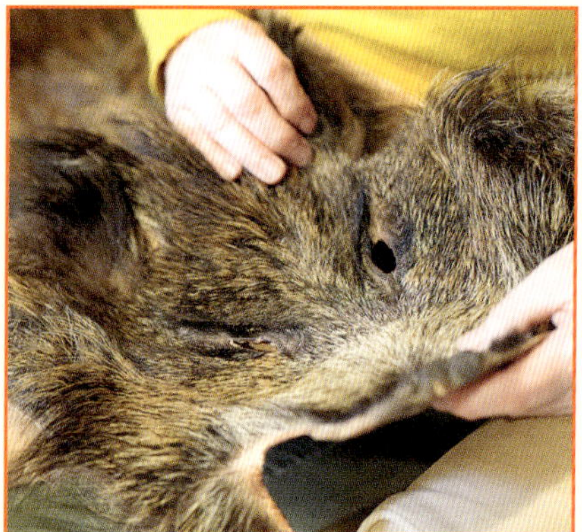

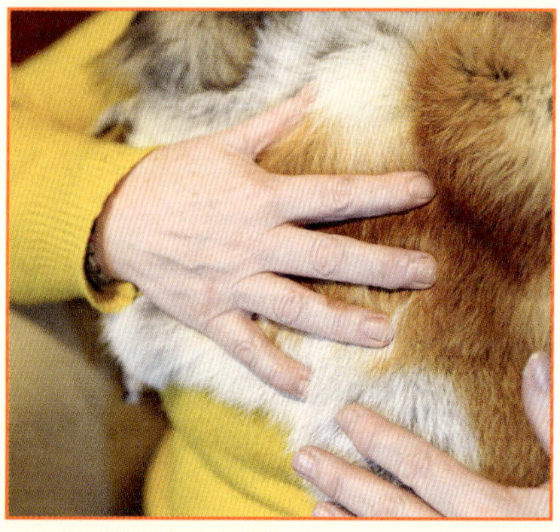

Wie auch bei den Kindern frage ich in die Runde, welche Tiere wo im Wald leben. Ich bekomme viele richtige Antworten und gebe währenddessen Felle von Wildtieren herum: Reh, Fuchs, Marder, Dachs und Kaninchen. Der Fuchspelz blieb zwischendurch hängen, eine Dame hatte ihn sich um den Hals gelegt. Ihre Augen fingen an zu strahlen, als sie zu erzählen begann. Sie habe früher im Winter immer einen Mantel getragen, in den ein Fuchsfell als Kragen eingenäht war – und wusste noch von vielen anderen Verwendungen eines Fuchsfells zu berichten. Sie fing an, sich intensiv an damals zu erinnern, die alten Zeiten wurden wieder lebendig.
Meine anfängliche Unsicherheit fiel von mir ab, denn wenn ich meine Augen durch die Runde schweifen ließ, nahm ich plötzlich bei vielen einen offeneren Blick wahr. Die restliche Zeit verging wie im Fluge, weil diese alten Menschen mich plötzlich mit auf die Reise in ihre eigene Vergangenheit nahmen.
Aber ganz zu Ende war es dann doch nicht. Ein stark dementer, sehr schweigsamer und zu 90 Prozent erblindeter, mürrischer Hüne herrschte mich auf einmal an: „Und wo bleibt jetzt das Wildschwein?“
So angeschimpft fühlte ich mich erst mal etwas überfordert und wusste nicht so recht, was er von mir wollte.
Da sagte er es: Er wolle einfach nur das Fell von einem Wildschwein ertasten, das sei schließlich bei den Fellen nicht dabei gewesen.
Zum Glück konnte ich ihm den Wunsch erfüllen und gab eine so genannte Schwarte von einem Wildschwein herum.
Das ist das abgezogene Fell des Schwarzwildes.
Auf meine Frage, ob er etwas mit der Jagd zu tun gehabt habe, kam leider keine Antwort mehr.

Basteln und Spiel

Waldgeister basteln

Wir benötigen:

- Soft-Ton (lufthärtend)
- Gesammelte Schätze aus dem Wald
- Bucheckern
- Eicheln
- Kastanien
- Kleine Äste ...

Wichtig!

Bitte ausschließlich Material, das schon auf dem Waldboden liegt, nehmen. Geht bitte sorgsam und vorsichtig mit frischen Pflanzen um.

Wir nehmen uns ein wenig von dem Soft-Ton und formen einen Ball.
Sucht euch einen Baum mit besonders rauer Rinde – beispielsweise eine Fichte.
Dann drückt ihr den Ton an dem Baum richtig schön platt.
Nun könnt ihr eure Geister gestalten.
Diese treiben nun ihr Unwesen rund um eure Geisterbäume.

Rezept

Wildes Surf and Turf

Zutaten:

- 500 g Spaghetti
- 20 Kirschtomaten
- 12 Black Tiger Garnelen
- 150 g Filet vom Wild, Damwild, Rotwild oder Wildschwein
- 200 ml Kokosmilch
- 600 ml Sahne
- Frische Basilikumblätter

Zubereitung:

Garnelen waschen, Darm entfernen und in drei gleich große Stücke schneiden.
Olivenöl in einen Wok oder eine hohe Pfanne geben und die Garnelen anbraten.
Kirschtomaten halbieren, dazugeben und mit Salz und Pfeffer würzen. Etwas Butter dazu geben. Mit Kokosmilch und Sahne auffüllen.

Spaghetti drei Minuten kochen, danach zu den Garnelen geben und mitkochen.
Das Filet scharf anbraten, dann in kleine Stücke schneiden kurz in der Soße mitkochen.
Die Basilikumblätter drüber geben und servieren.

Herbst

Mit allen Sinnen

Der nächste Ausflug stellt eine neue Herausforderung für mich dar. Die Klasse 5 einer Förderschule möchte gerne mit neun Kindern und Begleitung einen Waldtag mit mir erleben. Kein Problem, sage ich, und wir finden schnell einen Termin.
Als dieser näher rückt, frage ich mich, was steckt überhaupt dahinter, mit förderbedürftigen Kindern in den Wald zu gehen? Wo brauchen sie Förderung, und wie muss ich so einen besonderen Tag vorbereiten? Als ich nachfrage, mit was für einer Gruppe ich es zu tun haben werde, bekomme ich zur Antwort, dass die Kinder zwar das Alter von zehn bis elf Jahren haben, aber den Entwicklungsstand von Zweijährigen. Als Mutti weiß ich, was die Lehrerin damit meint. Alles wird erstmal angefasst und in den Mund gesteckt, denn so entdecken Kinder dieses Alters die Welt. Darauf muss man ein wachsames Auge haben.
Mein Ziel ist, ihnen den Wald über die Sinne nahe zu bringen, ohne viel Erklärung: Riechen, hören, tasten, sehen.

Mit Spannung erwarte ich die Kinder, die mit dem Bus anreisen, was sie nicht gewöhnt sind. Für sie ist dieser Tag ein großes Abenteuer. Für mich übrigens auch. Als sie aussteigen, strahlen sie mich an, obwohl sie mich noch nie gesehen haben.
Ich tue etwas, was ich sonst nie mache: Ich gebe jedem Kind die Hand und schaue ihm länger ins Gesicht, um es zu begrüßen, um eine Verbindung zu knüpfen.
Ich kann nicht sagen, ob ich das aus Unsicherheit tue;
es geschieht rein intuitiv.
Vielleicht ist es ein guter Einstieg, denn nicht alle können sprechen.
Jeder bekommt einen kleinen Beutel, um Früchte, Samen oder Blätter zu sammeln, alles, was Interesse weckt. Sie finden viele schöne Dinge, die wir sogleich benennen. Die kleinen runden Eicheln, die den Wildschweinen so gut schmecken im Winter. Dunkelrotleuchtende Brombeeren, aus denen man leckere Marmelade kochen kann oder die, wenn sie hängen bleiben, als Winternahrung für die Rehe

dienen, die auch die Blätter verspeisen.
Um noch ein bisschen weiter auf das Reh einzugehen, habe ich eine Rehdecke, Gehörn, Unterkiefer und Lauf zugedeckt in einen Korb gelegt, um sie die Kinder fühlen zu lassen.

Das ist wieder mal Jägersprache. Eine Rehdecke ist das abgezogene Fell, das Gehörn sind die verhornten Stangen auf dem Kopf eines Rehbocks, und der Lauf ist ein anderes Wort für die Rehfüße.

Die Kinder haben fast alle keine Scheu unter die Decke zu greifen. Nach und nach holen sie alles hervor.

Bis auf einen kleinen Jungen, der es viel interessanter findet, den Hochsitz hinaufzuklettern, an dem wir uns befinden. Er schafft es zwar nicht ganz aus eigener Kraft und braucht Hilfe. Und da er sonst als sehr ruheloses Kind gilt, rechnen wir damit, dass er schnell wieder runter will.
Wir behalten ihn deshalb im Auge und spüren aber etwas ganz anderes: Ruhe. Er muss in eine andere Welt eingetaucht sein. Auf dem Stuhl sitzt er dort droben, mit dem weiten Blick übers Feld und in die Ferne.
Und rührt sich nicht.

Bei den anderen Kindern wirkt sich das Abenteuer des Ertastens auf dem freien Feld draußen in der Natur anders aus, sie werden sehr unruhig.

Darauf muss ich reagieren und meinen ursprünglichen Spieleplan über den Haufen werfen: Stattdessen schlage ich ein Wettrennen auf dem Acker vor. Das macht allen riesig Spaß. Danach sind die Kinder ziemlich erschöpft und wollen langsam den Weg zum Bus zurückgehen. Was mich an diesem Tag am meisten berührte: Erfahrungen mit den einfachsten Dingen zu machen, kann die größte Faszination auslösen. Und Menschen wie den kleinen Jungen für eine Weile regelrecht verwandeln.

 Basteln

Einen Bilderrahmen und Naturbild selbst gestalten

Was wir brauchen:

- Schere, Taschenmesser
- Hanfband, Juteschnur
- Vier Stöcke in der gleichen Länge

Zuerst die vier Stöcke in Form eines Quadrats auf den Boden legen. Nun bindet man die Ecken mit dem Band so zusammen, dass ein Rahmen entsteht und spannt das Band zum Fixieren und Stabilisieren ein paarmal hin und her.

In diesen hölzernen Rahmen lassen sich z. B. kleine Wunderwerke aus der Natur zwischen den Bändern einklemmen.

 Spiel

Waldmemory/Tastspiel

Dieses Spiel wird mit einer geraden Anzahl an Mitspielern und einem Spielleiter gespielt. Zunächst werden Gegenstände aus dem Wald gesucht, die in eine geschlossene Hand passen, und dies in doppelter Ausführung.

Wir benötigen jeweils zwei:

- Eicheln
- Kastanien
- Steine
- Stöckchen
- Zapfen
- Blätter
- Walnüsse
- Haselnüsse ...

Alle stellen sich im Kreis auf und nehmen die Hände auf den Rücken.
Der Spielleiter verteilt jetzt die Gegenstände an die Spieler.

Diese dürfen die Spieler sich nicht anschauen, nur erfühlen. Dann sollen sie sich auf die Suche nach ihrem Partner machen, indem sie sich Rücken an Rücken stellen und den Gegenstand des andern ertasten.

Haben sich alle gefunden, halten Sie die Gegenstände noch verdeckt in der Hand und stellen sich wieder im Kreis auf. Nun öffnen sie paarweise die Hände und erzählen etwas zu dem, was sich in ihrer Hand befindet.

 Rezept

Brombeermarmelade

Zutaten:

- 1 Bio-Zitrone
- 1 kg Brombeeren
- 500 g Gelierzucker (2:1)

Küchenutensilien:

- ein Sieb
- ein großer Topf
- fünf Schraubgläser oder alte Marmeladengläser
- Kartoffelstampfer oder
- Pürierstab

Zubereitung:

Die Brombeeren mit dem Zucker und dem Saft der Zitrone zusammen in einem Topf aufkochen vier Minuten köcheln lassen.
Im Anschluss zügig in die Marmeladengläser umfüllen.
Wer keine Kerne in der Marmelade mag kann zur flotten Lotte greifen. Oder die Masse durch ein Sieb streichen.

Wenn Jagen Frauensache ist

Dort im Mecklenburger Waldesdickicht, wo Fuchs und Has' sich gute Nacht sagen, wohnt die Revierjägerin Anja (39) mit ihren beiden Töchtern in einem großen alten Bauernhaus. Auf ihrem Hof tummeln sich Ponys, Schafe, Hühner und Hunde. Ihre Tochter Hanna (15) tritt nun, im selben Alter wie sie einst war, in ihre Fußstapfen und ist dabei, einen Jagdschein zu machen. Hanna wird Jägerin in dritter Generation. Auch ihr Vater jagt.

Mutter Anja interessiert sich seit jeher für Hunde, die sie seit vielen Jahren züchtet. „Über die Arbeit mit den Hunden bin ich seinerzeit zur Jagd gekommen. Es hat mich von Anfang an total fasziniert, was wir in Wald und Feld beobachten, pflegen und am Ende auch nutzen", sagt sie. Dazu gehöre die Hege, was bedeute, den Wildbestand zu kennen und darüber urteilen zu können, ob ein Tier krank oder schwach sei, um dann entscheiden zu können, das Tier leben zu lassen oder es zu schießen. Auf Jägerdeutsch heißt das „Erlegen". Unumwunden gibt sie zu, was sie am meisten motiviert: „Das Wesentliche ist, am Ende ein total tolles, schmackhaftes Lebensmittel zu haben. Wir verwerten ausschließlich Wild. Die Kinder haben das schon im Babybrei bekommen. Zuhause wurde Wildbret verkauft.

Wir sind eine extrem große Jagdfamilie."

Tochter Hanna wird genau wie sie ein vollwertiges Mitglied der Jagdgemeinschaft sein. Bei einer Drückjagd hat sie vor Kurzem unvorhergesehen großen Einsatz gezeigt. Bevor so eine spezielle Art der Jagd losgeht, sammeln sich alle Beteiligten, und der Jagdleiter teilt mit, was alles freigegeben ist. Hanna mag diese Art des Auftakts: „Die Leute stehen beieinander, reden über ihre Erlebnisse, jeder achtet dann auf jeden. Es ist ein ganz großes Miteinander." Ein Miteinander in einer Männergesellschaft, an der bis heute nur wenige Frauen teilhaben. Aber das beschäftigt Hanna kaum: „Ich kenn' ja die meisten schon. Für mich ist die Jagdgemeinschaft fast zur Familie geworden."

Eine Drückjagd bringe zwar mit einem Ruck viel Unruhe mit einem möglichst großen Jagdergebnis, gebe den Tieren danach aber Ruhe, erklärt Anja die Hintergründe. „Uns ist wichtig, in einer guten Gemeinschaft zu jagen. Allein aus Gründen des Tierschutzes. So etwas zu teilen, schafft eine mega Vertrauensbasis. Und die ist wichtig um der

Sicherheit willen und um Unfälle zu vermeiden."

Hanna hat nun in ihren jungen Jahren auf einer solchen Drückjagd gleich die Jagd von ihrer härtesten Seite kennengelernt. Begleitet von einigen Hunden, sah sie, dass zwei davon gleichzeitig im Dickicht verschwanden und folgte mit zwei, drei anderen Jägern. Plötzlich rannte ein in die Enge getriebenes Wildschwein genau auf sie zu: „So etwas gibt einen krassen Adrenalinkkick. Die Hunde haben das Schwein festgehalten. Einer der Jäger fing es dann ab. Ich war hautnah dabei", berichtet Hanna. „Das ist eine krasse Erfahrung." Sie sei damit großgeworden und finde es weder grausam noch schlimm. Auch nicht, das blutverschmierte Messer in der Hand zu halten, welches ihr in die Hand gedrückt wurde, nachdem sie dem Tier das Leben genommen hatten. „Ich war überwältigt und voller Respekt", beschreibt sie ihre einschneidende Erfahrung. Beim Öffnen des Schweinekörpers habe man festgestellt, dass das Schwein krank gewesen sei. Was gerade geschehen sei, habe sie nicht wirklich realisiert. „Ein bisschen Angst ist auch dabei, weil man nie weiß, wie sich das Tier bewegt", sagt Hanna ehrlich. Und sie weicht auch nicht aus bei wiederholtem Nachfragen. Sondern erinnert sich plötzlich ganz genau: „Man spürt den Schmerz ein bisschen mit. Auch Mitgefühl ist dabei."

Ja, ihre Mutter Anja kennt ähnliche Situationen und die damit verbundenen Grenzerfahrungen. „Ein Reh abzufangen ist etwas anderes, weil Rehe so jammern. Schweine quieken, das ist wehrhaftes Wild und nicht ungefährlich. Man weiß nicht, was einen erwartet und muss seinen Mut zusammennehmen und richtig handeln", sagt sie mit Seitenblick auf ihre Tochter, „zum Glück sind dies Ausnahmen im Jagdalltag." Aber auch ihre jüngere Tochter führt sie bereits an das Jagen heran. Tilda ist sechs Jahre alt. „Vor kurzem sind wir gemeinsam auf die Jagd gegangen und haben Enten geschossen. Am selben Abend haben wir sie in den Ofen geschoben und gegessen", erzählt Anja. „Vorhin hat sie noch gelebt", habe Hanna da gesagt. Die kleine Tilda habe am nächsten Tag im Kindergarten von ihrem Erlebnis erzählt. „Ihre Erzieherin war so gefesselt, dass sie sagte, sie wolle das auch mal erleben. Das haben wir dann wirklich gemacht und die Enten gleich im Wald gerupft. Denn zum Handwerk eines Jägers gehört es, wirklich aktiv zu sein und das Tier bis zum Ende zu verwerten. Das sollte man schon selber machen", findet die Revierjägerin.

Als 15-Jährige einen Jagdschein zu machen – „die meisten in meinem Alter können sich das gar nicht vorstellen. Ich habe aber schon als Kind Taubenherzen aus der Brühe gelöffelt. Das ist extrem. Ich bin die einzige aus der Klasse, die jagen geht", sagt Hanna nüchtern.

Auch offene Ablehnung schlage ihr von ihren Mitschülern entgegen: „Wie kannst du sowas machen?" Das hört sie öfter. Und: Jagen sei Tierquälerei, davon solle man sich fernhalten. Hanna: „Ich bleibe dann ruhig und argumentiere, warum das in Ordnung ist.
Ich erkläre, dass wir schießen, um einen gesunden Wildbestand zu erhalten."

Das Wissen, das nötig sei, um eine gute Jägerin zu sein, werde oft über viele Jahre erworben, sagt Anja. „Schon mein Vater kommt aus dem Forst. Und bereits als Kind habe ich ganz viel über Holzarten, Tiere und Pflanzen gelernt. Ständig wurde ich weiter aufgeklärt. Wir waren eine sehr handwerkliche Familie. Das habe ich an die Kinder weitergegeben. Deshalb bringt Hanna im Sachkundeunterricht viel Wissen mit." Es gehe darum, die Natur als Ganzes zu sehen, sagt ihre Mutter noch. Aber da rückt Hanna mit ihrem möglichen Berufswunsch heraus: „Ich kann mir vorstellen, auch Revierjägerin zu werden."
Inzwischen kennt sie Regeln und Rituale und beherrscht ihr Handwerk. Da erscheint es geradezu natürlich, was sie eben verkündet hat.
Anja hält sich dennoch klug zurück. Sie kennt auch die dunklen Seiten des Jagens. Ethisch

verwerflich findet sie beispielsweise, „wenn jemand einfach nur schießt und dem Wild keine Beachtung schenkt oder es sogar angeschossen weiter im Wald herumlaufen lässt. Außerdem kommt es vor, dass Abschüsse nicht gemeldet werden. Aber wir kriegen so etwas trotzdem raus." Wenn man dagegen dem Wild die letzte Ehre erweise, am Streckenplatz innehalte und entsprechend auf dem Jagdhorn verblase – dann sei das Jagdethik.

„Es ist wichtig, sich ohne Neid für den anderen zu freuen. So eine eingeschworene Gemeinschaft muss man pflegen", findet die Revierjägerin.

Hanna war nicht immer Feuer und Flamme für das Jagen und die Hundezucht. „Ich bin ja damit großgeworden. Irgendwann hatte ich keinen Bock mehr und wollte nichts mehr damit zu tun haben. Ich habe aber nach einiger Zeit wieder angefangen, die Hunde mit auszubilden und bin wieder mit auf die Jagd gegangen. Und dann hatte ich wieder Spaß daran."

Seit Anja begonnen hat Hunde zu züchten, sind zehn Jahre vergangen, und fast einhundert Welpen haben ihren Hof verlassen. Aus jedem Wurf hat sie ein Tier behalten und „bis zur jagdlichen Eignung geführt", sagt die Revierjägerin mit einer Spur Stolz in der Stimme. „Die Käufer von Welpen begleite ich sehr engmaschig etwa zwei Jahre lang, bis die Hunde geprüft sind. Ich leite sie bei der Ausbildung an, zeige Übungen und gebe wöchentliche Hausaufgaben. Ich habe einen sehr hohen Anspruch an meine Welpenkäufer", sagt Anja mit Nachdruck. Die allermeisten hätten „ganz toll mitgemacht", denn das Ziel seien ja glückliche Hundeführer mit einem guten Jagdgebrauchshund.

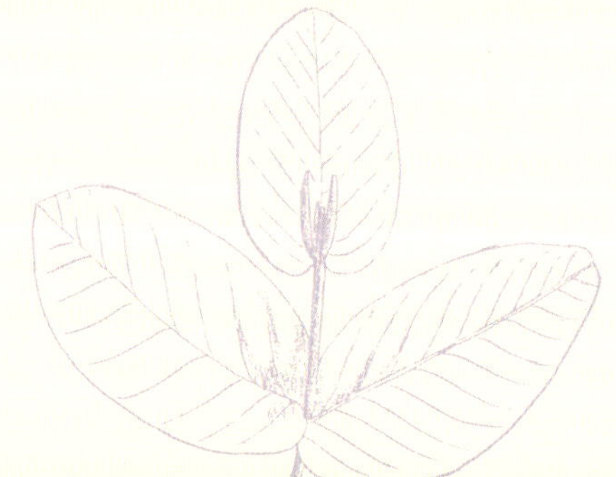

 Basteln

Trittsiegel

Wir machen uns auf den Weg durch die Natur. Als erstes sammelt jeder vier Stöcke.
Und wenn wir die Spur eines Tieres finden, legen wir die Stöcke als Rahmen drum herum – und schon haben wir ein Naturbild.
Wer gerne so einen Abdruck mit nach Hause nehmen möchte, kein Problem.

Wir benötigen:

- einen Pappring (im Baumarkt nach einer Teppichrolle fragen, die sind schön stabil)
- schnell trocknenden Mörtel
- Wasser
- ein Behältnis, in dem man die Masse zusammenrühren kann

Wie beim Kuchenbacken nach Packungsbeilage die Mörtelmasse anrühren.

Dann den Ring über das Trittsiegel stülpen und mit der Masse auffüllen.
Nun kannst du eine kleine Pause einlegen oder weiter die Natur erkunden. Und nach 20 Minuten vorsichtig prüfen, ob die Masse schon fest ist.

 Rezept:

Kaninchenpfeffer

Zutaten:

- ein Kaninchen mit Leber
- 150 g durchwachsenen Speck
- 5 Schalotten (grob zerteilt)
- 400 g Champignons, roh, geviertelt
- 200 ml trockenen Rotwein
- 4 cl Cognac
- 100 ml Rinderfond
- frische Kräuter (Petersilie, Thymian, Rosmarin)
- Salz, Pfeffer

Zubereitung:

Das Kaninchen in einzelne Stücke zerteilen. Speck im Bräter glasig andünsten, Schalotten und Champignons dazu geben und mitdünsten.
Im durchsiebten Fett das zerteilte Kaninchen einschließlich der Leber anbraten und mit Salz und Pfeffer würzen. Wein, Cognac, Fond, Speck, Champignons, Schalotten und Kräuter hinzugeben und ca. eine Stunde bei milder Hitze köcheln lassen.
Die Leber herausnehmen und mit einem Pürierstab zerkleinern, unter die Sauce geben und noch einmal mit Salz und Pfeffer abschmecken.

Oh Nein!

Oh nein, für morgen ist ein Ausflug in den Wald geplant, und nun regnet und stürmt es schon den ganzen Tag!
Die Nachrichten sagen, dass die Küstenregionen bereits unter Wasser stehen. Sprichwörtlich fällt unser Plan für morgen gedanklich ins Wasser. Der Wetterbericht sagt nun aber, dass das Wetter schön werden soll.
Was machen wir jetzt nur? Schließlich steckt viel Planung hinter so einem Tag, an dem Jung und Alt spielerisch den Wald entdecken und anschließend zusammen am Feuer essen.
Wir bleiben bei unserem Plan und lassen es auf uns zu kommen. Schließlich gibt es Regenjacken und Gummistiefel.
Inzwischen ist fast Mitternacht, und es regnet noch immer.
Oh je!

Früh morgens der Blick aus dem Fenster. Juchhe, kein Regen mehr!

Schnell noch einmal die mittlerweile gekürzte Strecke abfahren und enttäuscht wieder zu Hause ankommen. Es regnet schon wieder! Der Blick aufs Handy zeigt: trotzdem hat niemand abgesagt. Na gut. Wir haben noch eine Stunde Zeit. Der Plan, ein Waldsofa zu bauen, wird gekippt.

Ich stecke mir Ton in den Rucksack in der Hoffnung, raue Bäume zu finden.
Warum bin ich diesmal so aufgeregt? Ich mache das doch schon seit Jahren! Liegt wohl daran, dass man mit und in der Natur nie sicher sein kann, wie sich das Wetter verhält. Glücklicherweise sind Sonne, Regen und Wind noch etwas, was nicht von Menschenhand beeinflusst werden kann.
Punkt 10 Uhr lächeln mir kleine und große waldbegeisterte Menschen ins Gesicht. Als Thema haben wir heute die Pilze und was bei den Tieren, die im Wald leben, so auf den „Tisch“ kommt. Um es für die Kinder deutlicher zu machen, bekommt jedes eine kleine Schachtel – mit der Bitte, die Fächer darin mit Samen und anderen Leckereien zu füllen, die die Wildtiere gerne verspeisen.

Wie wir ja wissen, gibt es essbare und giftige Pilze.
Ein kleines Faltblatt gibt uns zusätzliche Auskunft. Also Augen auf und los geht's auf die Jagd nach Pilzen. Wir sind noch keine zwei Meter gelaufen, und schon wird der erste entdeckt, dann der zweite und der dritte ...
Wahnsinn, was für eine Vielfalt an Pilzen es gibt! Wenn wir uns wirklich jeden einzelnen anschauen, werden wir es nicht rechtzeitig zum Essen schaffen.
Zum Glück gibt es eine Kamera, mit der wir die schönsten Exemplare festhalten können.
Unsere Bewunderung gilt jenen, die sich mit diesen vielen Pilzen auskennen. Ich für mich habe ein paar grobe Unterscheidungen mitgenommen. Manche Pilze liegen wie ein runder Teppich vor unseren Füßen. Alle stehen unbeschadet da, wir schließen es daher aus, dass Wildtiere sie gerne essen. Aber was essen sie denn nun?

Wir stehen unter einer Eiche, wo alles aufgewühlt ist. Oder nein. Die Erde schaut aus, als ob jemand sie umgegraben hätte. Welche Tiere haben hier im Wald die Größe und Kraft die vom Regen durchtränkte Erde dermaßen umzudrehen? Das Geheimnis wird gelüftet: Ja, es war ein Wildschwein. Das frisst nämlich sehr gerne Eicheln. Das erste Kästchen in der Schachtel ist gefüllt.

Was kommt in das nächste? Wir lassen den Blick um uns schweifen und entdecken andere Baumarten. Jede trägt Früchte oder Samen, die einerseits zur Fortpflanzung der Bäume beitragen, andererseits aber auch auf dem Speiseplan eines Wildtiers stehen. Apropos Speiseplan. Nach und nach sind Bucheckern, Kastanien, Zapfen und Nüsse gefunden. Denn in den Zapfen befinden sich Samen, die als Nahrung für Vögel und Eichhörnchen dienen. Schwuppdiwupp ist unsere Schachtel mit den sechs Fächern voll. Eines sogar mit einer Frucht: Brombeeren und ihre Blätter sind eine Hauptnahrung (als Jäger sprechen wir da

von Äsung) für die Rehe, denn die Brombeere wirft im Winter ihre Blätter nicht ab.

Bei der Vielfalt an Nahrung knurrt langsam auch uns der Magen. Auf geht's weiter in den Wald hinein bis zu einer Lichtung. Dort lodert schon ein kleines Feuer und der Duft von Suppe steigt uns in die Nase. Es gibt eine leckere Gulaschsuppe aus Wildschwein, und wir haben Glück, dass der Koch nicht nur den Kochlöffel geschwungen hat, er hat uns auch ein paar Bänke aufgestellt, damit wir gemütlich essen können.

Denn für ein Waldsofa ist es leider viel zu nass.

Nass – bei diesem Sprichwort fällt es mir wie Schuppen von den Augen. Der ganze vorherige Tag war überschattet gewesen von der Aussicht auf Regen. Und ja, es hat auf unserer Pirsch hier und da einen kleinen Schauer gegeben. Nur hat es keiner so recht wahrgenommen. Woran das wohl liegt?

Nachdem wir uns gestärkt haben, will noch keiner so recht heim, und wir starten den Versuch, einen Baum mit einem Waldgesicht zu schmücken. Dafür brauchen wir den mitgebrachten Ton. Die Bäume mit einer glatten Rinde fallen leider

raus, aber an denen mit der rauen hält es. Was für ein schöner Abschluss unserer Pirsch!

Mit vollen Bäuchen, vielen Eindrücken und roten Wangen von der frischen Luft treten wir den Heimweg an.

Und dann kommt der eigentlich krönende Abschluss, sogar für mich.

Der Rückweg ist von Pfützen gesäumt, und ich kann mich nicht mehr beherrschen:
Ich muss da hineinspringen, und mit mir die ganze Bande!!
Danke, Regen!

 Basteln

Waldmandala

Der Wald bietet Material für herausragende Kunstwerke. Ihr könnt eurer Fantasie freien Lauf lassen. Mit dieser Waldgruppe habe ich ein Waldmandala gebastelt.
Wir haben unterwegs fleißig Material gesammelt.
Natürlich hat unser Kunstwerk auch einen Rahmen. Hierfür sammelt ihr einfach größere Stöcke. Den Inhalt könnt ihr gestalten, wie ihr möchtet.

 Spiel

Wildschweinrotte suchen

Es werden zwei Gruppen gebildet: eine Wildschweinrotte und eine Jägergruppe.
Die Wildschweine dürfen mit etwas zeitlichem Vorsprung in den Wald.

Sie legen eine Fährte, indem sie Klammern an Äste klemmen und suchen sich einen sicheren Ort, um sich zu verstecken.
Dann manchen sich die Jäger auf den Weg diese Rotte zu finden.

In der Natur rückt die Rotte im Winter ganz dicht zusammen, um sich gegenseitig zu wärmen, probiert es einfach mal aus.

 Rezept

Gerollter Wildschweinbraten

Zutaten:

- 1 kg Wildschweinkeule
- Salz
- Senf
- 80 g Speck
- 1 Zwiebel
- 1 Strauß Petersilie
- 30 g Semmelbrösel
- 1 Ei
- Rotwein
- 4 gestoßene Wacholderbeeren
- 2 gestoßene Nelken
- 50 g Schweineschmalz
- 50 g Margarine
- 3 Esslöffel Tomatenmark
- 1 ½ Esslöffel Stärkemehl

Zubereitung:

Das Fleisch klopfen und so aufschneiden, dass es nur noch an einer Seite zusammenhängt. Salzen und die Innenflächen mit Senf bestreichen.

Speck, Zwiebel und Petersilie wohlfein zerkleinern.
Mit Semmelbröseln, Ei, einem Schuss Rotwein und Gewürzen verrühren.
Das mit dieser Fülle bestrichene Fleisch zusammenrollen und zusammenbinden.
In das erhitzte Schmalz legen und mit heißer Margarine begießen.

Das Fleisch ringsherum anbraten, dann Tomatenmark und etwas heißes Wasser zugeben.
Zugedeckt gar schmoren und den Bratsatz mit kalt angerührtem Stärkemehl binden.

Ein Männlein steht im Walde …

Erfahrungsbericht eines Nicht-Jägers unter Jägern auf einer Treibjagd im Dezember 2023 (Batensen, Niedersachsen am Samstag, dem 16.12.2023, von 8 bis 16 Uhr)

„Ein Männlein steht im Walde
ganz still und stumm,
es hat von lauter Purpur
ein Mäntlein um.
Sagt, wer mag das Männlein
sein, das da steht im Wald allein
mit dem purpur roten
Mäntelein?“
(Volkslied von Hoffmann von Fallersleben, 1843)

An dieses Kinderlied fühlte ich mich erinnert, als ich an einem Samstagmorgen auf einem sandigen Waldweg an der Kante einer Schonung mit mannshohen Kiefern irgendwo östlich von Uelzen stillschweigend zu meiner ersten Treibjagd aufgestellt wurde und auf weitere Anweisungen wartete.
Allein war ich aber keineswegs, denn links und rechts neben mir standen im Abstand von 10 bis 15 Metern weitere „Männlein & Weiblein“ mit orangefarbenen Westen, Schals und Mützen.

Aber fangen wir doch mit den Erlebnissen an diesem Tag etwas früher an. Um 6 Uhr klingelte, nach einer arbeitsreichen Woche, schon wieder, mein Wecker. Aufstehen! Mein Bruder hat in seinem Revier zur Jagd geladen und ich hatte noch anderthalb Stunden Fahrt vor mir. Zwei Toast und einen Schluck Schwarzen Tee später, fand ich mich olivgrün und warm gekleidet im Auto sitzend wieder. Draußen war es dunkel und kalt, die Sterne funkelten und versprachen, dass es (doch hoffentlich) ein Regen freier Tag in der Natur für mich werden würde.
Als auch der Motor meines Wagens auf Temperatur kam und sich der Innenraum immer mehr mit wohlig warmer Luft füllte, bemerkte ich, dass das morgendliche Anziehen im Zwiebelschalenprinzip von Ski-Unterwäsche und Wollsocken über Thermohose, Wollpullover, Strickmütze eigentlich völlig ausreichend war, um auch bei leicht geöffneten Seitenfenstern die noch verbleibende Stunde zum Treffpunkt, der Jagdhütte, zu fahren. Zum Anhalten war aber keine Zeit, ich wollte nicht der letzte eintreffende Gast sein, mir „glühte“ schon das Gesicht, also Heizung runter gedreht, Fenster einen Spalt auf und weiter, die Morgenröte im Blick, ins südöstliche Niedersachsen.

Beim Eintreffen ging bereits die Sonne langsam über den Feldern auf, es brannten schon Holzscheite in zwei Feuerschalen und mein Bruder und einer seiner Jagdgenossen waren schon fleißig dabei einen Anhänger zu entladen. Sein Jagdhund begrüßte mich mit einem freundlich quietschenden Bellen und nach einem kräftigen Händedruck und einem „Waidmannsheil" befand ich mich mittendrin in den Vorbereitungen der anstehenden Treibjagd.

Nach und nach trudelte die Jagdgesellschaft ein, Männer allein oder mit ihrem Sohn, einige mit Hund und einer kam sogar mit dem Fahrrad und geschulterter Waffe zur Jagdhütte. Man(n) stand ums Feuer und hat sich „warm" gesprochen, bis ein weiterer Jäger mit einem toten Feldhasen in der Hand den Platz betrat, ein „Waidmannsheil" durch die Runde ging, dieses mit einem „Waidmannsdank" von ihm erwidert und mit dem Satz „Der ist mir eben auf der Fahrt hierher vors Auto gelaufen!" beendet wurde. Obwohl die Jagd noch gar nicht begonnen hatte, war der erste Hase, ohne dass ein Schuss gefallen ist, bereits unglücklicherweise zur Strecke gebracht worden. Er ist dem Richtigen vors Auto gelaufen, denn er hielt an, stellte ihm nach und hat ihn von seinen Leiden erlöst, ansonsten wäre er mit seinen davongetragenen Verletzungen elendig und langsam verendet.

Als nun auch der letzte Gast an der Jagdhütte eingetroffen war, begrüßte mein Bruder die Jagdgesellschaft, erklärte anhand von vorher angefertigten Skizzen die zu bejagenden Bereiche, das Gelände, die zum Abschuss freigegebenen Wildarten und abschließend, dass die Sicherheit von Treibern, Jägern und Jagdhunden, wie immer, die höchste Priorität hat und ein Schuss nicht abgegeben werden darf, sofern die Sicherheit nicht gewährleistet ist. Wichtig war ihm auch, dass nur so viel Wild geschossen wird, wie auch verwertet werden kann.

Wir wurden dann in zwei Gruppen aufgeteilt. Jede Gruppe bestand aus Jägern mit Waffe, Jägern mit Hunden & Waffe und Treibern, zu denen ich zählte. Um in das angrenzende Jagdrevier zu gelangen, nahmen wir auf einem Anhänger mit montierten Sitzbänken Platz und wurden so von einem Geländewagen zu unserem ersten Einsatzort in den Wald gefahren. Dort angekommen waren alle, auch die Hunde, mucksmäuschenstill, um kein Wild bei der Ankunft schon in die Flucht zu schlagen. Die Türen der Autos wurden leicht angedrückt und es wurde nur leise geflüstert.

Da standen wir nun, wie an einer Perlenschnur aufgezogen, an der Waldkante in Olivgrün

und Warnorange gekleidet und warteten auf ein Zeichen zum Losmarschieren und Durchforsten der Fichtenschonung. Leider war zum dem Zeitpunkt keiner des Jagdhornspielens mächtig, so dass per Handzeichen und Laut zur Jagd gerufen wurde. Im Bruchteil einer Sekunde nach dem das Zeichen ertönte sprangen die Hunde mit ihren leuchtenden Warnwesten ins Unterholz und waren nicht mehr gesehen, dafür konnte man sie jedoch deutlich hören. Bellend durchstöberten sie vor uns laufend die Schonung - wir ihnen mit langsamen und bedachten Schritten hinterher. Die Hunde bellten und wir Treiber riefen im tiefen und langgezogenen Ton „Hopp! Hopp!"
Zu sehen gab es jedoch nichts, nur Zweige, die einem ins Gesicht schlugen, Büsche, durch die man durchbrechen musste und Dornen von Brombeersträuchern, die sich in der Kleidung wie Zähne verbissen und einen zu Fall brachten, wenn man nicht langsam einen Schritt vor den anderen setzte.

Und dann der erste Schuss! Und kurze Zeit später ein zweiter. Was wird den oder dem Schützen am Ende der Schonung wohl vor die Flinte gelaufen sein? Zwei Hasen waren es in ihrem Winterfell, die das Weite über das angrenzende Feld gesucht haben und den Schrotkugeln letztlich keinen Haken mehr schlagen konnten. (K)ein schöner Anblick – das ist die Jagd, am Ende eines langen Jahres der Hege und Pflege im Revier.
So ging es nun weiter, bis der letzte an diesem Tag zu bejagende Bereich im Revier von uns durchforstet worden war und

am Ende des Tages lagen „nur" vier Hasen auf der Strecke und der Hase der bereits vor Beginn vors Auto gelaufen war.

Es wurde sich viel mehr erhofft, ein Wildschwein vielleicht, Krähen, Elstern oder ein Reh, aber die haben an diesem Tag wohl rechtzeitig das Weite gesucht und sind fürs Erste verschont geblieben.

Zurück an der Jagdhütte angekommen wurden die Hasen ausgenommen und von einer dazugekommenen Ehefrau mit Jagdhorn und dem Jagdsignal „Hase tot" die letzte Ehre erwiesen. Anschließend gab es für die Jagdgesellschaft und die nachträglich angereisten Familien mit Kindern eine kräftige Suppe vom Feuer, Würstchen, Waffeln, Kaffee und Kuchen und viele interessante Gespräche über die Jagd und Privates in einer illustren Runde.

Gestärkt vom leckeren Essen und doch körperlich erschöpft von dem langen Tag an der frischen Luft durchs Unterholz, stieg ich in mein Auto und trat mit vielen neuen Eindrücken die Heimreise an. Auf der Fahrt zurück habe ich mir wieder gesagt „Es wird Zeit, endlich mal deinen Jagdschein zu machen!" Die Bücher für das „Grüne Abitur" habe ich bereits vor Jahren von meinem Bruder erhalten und um mich herum zähle ich viele Jäger zu meinem Freundeskreis. Ich freue mich schon auf den Moment, wo es auch für mich endlich losgeht „als Männlein im Walde ganz still und stumm".

Malvorlage Igel

 Basteln

Igel

Igel sind bis in den späten Herbst hinein auf Futtersuche bis sie ein geeignetes Winterquartier finden.
Ich habe für alle Igelfreunde unter uns ein Ausmalbild zeichnen lassen. Ihr könnt es euch sehr gern kopieren.

Eurer Kreativität sind keine Grenzen gesetzt. Gestaltet euren stacheligen Freund so, wie ihr das möchtet.

Mein Vorschlag an euch:
Den Igel mit doppelseitigem Klebeband versehen. Gesammelte Kiefernnadeln aufkleben.
Die lütten Igelfreunde können auch bunte Laubblätter verwenden.

Spiel

Eichhörnchen

Jedes Kind sammelt fünf verschiedene Herbstfrüchte und sucht für jede Frucht ein Versteck. Wenn alle damit fertig sind, ist es die Aufgabe, die Früchte wiederzufinden.

Für größere Gruppen kann man das Spiel auch in zwei Gruppen aufteilen:

A- und B-Hörnchen

Alle bekommen jeweils 15 Früchte.

Gruppe A muss sich drei Verstecke aussuchen und jeweils fünf Früchte drin verstecken.

Gruppe B sucht sich fünf Verstecke und versteckt jeweils drei Früchte.

Alle bekommen jetzt eine Minute Zeit, um so viele Früchte wie möglich zu finden.

Werden die Waldfrüchte nicht gefunden, freut sich die Natur. Aus den nicht gefunden Eicheln, werden dann kleine Eichenbäumchen.

 Rezept

Wildbolognese aus Lüneburg

Zutaten:

- 500 g Hack vom Reh oder Wildschwein (oder gemischt)
- 1 Zwiebel
- 1 Knoblauchzehe
- 2 Möhren
- ¼ Knollensellerie
- Tomatenmark
- 1 Dose gestückelte Tomaten
- 250 ml Gemüsebrühe
- 125 ml Rotwein
- 1 Strunk Thymian
- 2 Lorbeerblätter
- Olivenöl zum Anbraten
- Salz & Pfeffer

Zubereitung:

Zwiebel, Knoblauch, Sellerie und Möhren in kleine Würfel schneiden und in der Pfanne mit einem Schuss Olivenöl anbraten. Anschließend das Wildhack hinzugeben, gut mischen und weiter anbraten, salzen und pfeffern. Mit Rotwein und Gemüsebrühe ablöschen, die gestückelten Tomaten, Thymian und Lorbeerblätter dazugeben und für ca. 45min bei mittlerer Hitze und Deckel einkochen lassen, bei Gelegenheit umrühren. Zum Schluss das Tomatenmark nach Bedarf dazugeben und ggf. mit Salz und Pfeffer nachwürzen.

Weihnacht

Auch die Natur schläft im Winter

Das Jahr neigt sich dem Ende zu. Alle bereiten das Weihnachtsfest vor. Bei dem einen oder anderen kehrt langsam ein wenig Ruhe ein, und man genießt Tage mit lieben Menschen, die manch einer nur noch zu Weihnachten sieht. Wie schön, dass wir diese besinnliche Zeit haben.

Auch in der Natur ist ein wenig Ruhe eingekehrt. Kein Blätterrauschen in den Bäumen.

Die Blätter sind abgefallen, verwittern auf dem Boden zu neuem Humus, und in Haufenform dienen sie als Höhle für einen Igel, der in den Winterschlaf geht.

Die Wildtiere achten nicht auf eine Bikinifigur, sie bekommen ganz dickes Fell und futtern sich eine ordentliche Schicht Winterspeck an.

Und wie jedes Jahr zur Wintersonnenwende kurz vor dem Fest nutzen auch wir die etwas ruhigere Zeit und treffen uns mit Jung und Alt, um einen Weihnachtsbaum für die Tiere zu schmücken.

Inspiriert von dem Buch „Lütten Weihnacht“ von Hans Fallada, der übrigens in Karwitz von 1933 bis 1944 gelebt hat.

Was nehmen wir mit? Möhren, Äpfel, Heu, unser selbstgemachtes Vogelfutter.

Und für uns selbst einen heißen Punsch und leckere selbstgebackene Kekse zur Stärkung.

So voll bepackt machen wir uns auf dem Weg zu „unserem“ Weihnachtsbaum, der sich inmitten einer Lichtung im Wald befindet.

Nur mussten wir diesmal von unserem gewohnten Tun ablassen, denn der Wind pfiff so stark.

Es knirschte und knackte und die Bäume bogen sich so stark, dass

es einem angst und bange wurde. Wir beschlossen, dass wir an Heiligabend ohne Beule auf dem Kopf vor unserem Weihnachtsbaum verbringen wollten und schlugen den Weg an der windgeschützten Waldkante ein.

Die Kleinen hielten Ausschau nach dem tollsten, prächtigsten Baum für die Tiere.

Zu meiner Überraschung wurde es eine kleine Kiefer.
Mit dem Argument so kommt ein jeder viel besser ran und den Tieren sei es doch eh egal, wo sie das Futter fänden.
Mit Eifer machte man sich ans Werk und im Nu war der Baum mit den vielen Herrlichkeiten geschmückt.

Nachdem wir unser Werk vollbracht hatten, stärkten wir uns mit den leckeren Keksen und nahmen einen großen Schluck heißen Punsch.

Mein Blick fiel in viele zufriedene Kindergesichter.
Das sind diese kleinen Momente, die ich immer so sehr genieße, wenn wir gemeinsam unterwegs sind und sich bei fast jedem eine innere Zufriedenheit einstellt, trotz dieser heute so hektischen Zeit.

Auf dem Rückweg wurde noch freudig von den Kindern berichtet, was sie sich zu Weihnachten wünschen und was sie am liebsten essen.

Weihnachten ist und bleibt einfach eine schöne und besinnliche Zeit.
Worin wir uns aber alle einig waren: das größte Geschenk wäre es, am Weihnachtsmorgen aus dem Fenster zu schauen und von einer weißen Schneedecke begrüßt zu werden.
Wer weiß, vielleicht passiert es im nächsten Jahr.
Nicht nur, dass der Schnee sich so schön in das Bild von Weihnachten fügt, es wäre für uns umso spannender zu sehen, wer sich an unseren Weihnachtsleckerbissen erfreut.

Basteln

**Es weihnachtet sehr –
und wir basteln jetzt einen**

Miniaturweihnachtsbaum

Wir benötigen:

- eine Baumscheibe
- einen kleinen Ast
- etwas Basteldraht

Die Baumscheibe mit einem Loch versehen.
Den kleinen, passenden Ast von seinen Knospen und Trieben befreien, in das vorgesehene Loch der Baumscheibe stecken und fixieren.
Für die „Krone" eignen sich Kiefernnadeln hervorragend.
Diese zu einem Bündel zusammenfassen und mit Draht locker fixieren.
Anschließend mit leichtem Druck über das Ästchen schieben, so dass ein Bäumchenkrone entsteht.

Man kann es so naturbelassen verwenden oder mit Engelshaar schmücken, kleine Kugeln auf die Holzscheibe kleben.
Lass deiner Fantasie freien Lauf!

Futterzapfen
für die Vögel im Winter

Sammle ein paar Zapfen, zum Beispiel von der Fichte, Douglasie oder Kiefer. Lass die Zapfen mindestens eine Woche an einem warmen Ort trocknen, sodass sie komplett aufgehen und das Harz eintrocknet. Am besten legst du sie auf ein weißes Laken, denn so kannst du ganz einfach die Samen der Zapfen einsammeln.

Zutaten:

- Kokosfett
  Wir Jäger nutzen auch gern das Fett, jägersprachlich Feist, von einem im Winter erlegten Wildschwein.
- Naturbast

Das ist ganz wichtig!
Denn kein Tier darf sich mit dem Band verheddern. Also bitte unbedingt schnell reißendes Band benutzen!

- Vogelfuttermischung
  Oder ihr habt Glück und der Bauer aus der Nachbarschaft hat Sonnenblumen geerntet.

Zubereitung:

Kokosfett und Samen zu gleichen Teilen im Topf erwärmen.
Ein wenig abkühlen lassen und das Gemisch über eine Seite des Zapfens gießen.
Den Zapfen beiseitelegen, möglichst nach draußen, bis alles angetrocknet ist.

Erst dann die andere Seite mit dem Kokos-Körner-Gemisch begießen.

Nach dem Erkalten ein Stück Band anbringen – und ab damit an den Baum oder Strauch!

Achtung! Da das Kokosfett schon bei Zimmertemperatur weich wird, die fertigen Zapfen an einem kühlen Ort lagern.

 Spiel

Finger gerade halten

Für eine Gruppe ab 8 Personen

Die Gruppe wird losgeschickt, eine Holzstange mit einer Länge von ca. zwei Metern zu suchen.

Haben sie eine Stange gefunden, strecken sie mit angewinkeltem Arm einen Zeigefinger aus. Alle Finger sollten dabei auf der gleichen Höhe sein, dann legt man die Stange drauf.

Nun sollen die Teilnehmer gemeinsam die Stange auf die Erde legen, ohne dass der Kontakt zwischen den Fingern und der Stange unterbrochen wird.

Und ganz wichtig:
Es darf nicht gesprochen werden!

 Rezept

Der große Weihnachtsbraten

Zutaten:

- Damwildkeule (hier ca. 3 kg)
- Salz und Pfeffer
- 1 Apfel
- 4 Karotten
- 4 Zwiebeln
- 50 g Butter
- 3 Esslöffel Mehl

Zubereitung:

Die Damwildkeule von allen Seiten scharf anbraten salzen und pfeffern.
Etwas Wasser in den Bräter geben, gewürzte Keule hinzugeben.
Einen Apfel, 4 Karotten, 4 Zwiebeln vierteln oder achteln, neben der Keule verteilen.
Die Butter in kleinen Stücken über die Keule verteilen.
Bei 170–180 Grad für etwa 3½ bis 4 Stunden in den Ofen stellen. Je nach Art des Bräters muss man ggf. nach der halben Zeit noch etwas Wasser hinzugeben.

Tipp: 1–2 cm Flüssigkeit sollten immer im Bräter sein, damit nichts ansetzt.

Nun das Fleisch aus dem Bräter nehmen und kurz ruhen lassen. Währenddessen in den Bräter noch etwas Wasser geben – etwa so viel, wie man später Sauce haben möchte.
Dann mit Hilfe des Wassers und eines Schneebesens die Röstaromen von den Seiten des Bräters lösen und diesen Sud durch ein Sieb in einen kleinen Kochtopf gießen.

Jetzt das Fleisch schneiden und bei 100 Grad noch im Ofen bei geschlossenem Deckel warmhalten, damit es nicht austrocknet.
Den Bratensud aufkochen

und andicken. Ich nehme hierfür ca. drei Esslöffel Mehl und etwas Wasser.

Wichtig: Das Mehl klümpchenfrei in einer kleinen Schüssel mit dem Schneebesen verrühren. Anschließend langsam und unter ständigem Rühren in die Flüssigkeit gießen.
Kurz aufkochen lassen bis die Sauce die gewünschte Konsistenz erreicht hat.
Wenn man vor dem Garen reichlich gewürzt hat, besitzt die Soße jetzt einen kräftigen Geschmack. Ansonsten noch nachwürzen und einen Schluck Sahne hinzugeben.

Meine Beilagenempfehlung:
Rotkohl, Rosenkohl, Bohnen, Blumenkohl sowie Kartoffeln, Kroketten, Klöße oder Knödel.

Das Projekt wurde aus Mitteln der Jagdabgabe des Landes Mecklenburg-Vorpommern gefördert.

Impressum

Gerichtsweg 28, 04103 Leipzig
Tel: 0341 / 493574-0, Fax: 0341 / 493574-40
buchverlag-leipzig@vggh.de
www.buchverlag-leipzig.de

Herausgeber: Landesjagdverband Mecklenburg-Vorpommern e. V.
Forsthof 1, 19374 Parchim OT Malchow
www.ljv-mecklenburg-vorpommern.de

Titel: oben/unten: Daniel Brügmann; links: Dirk Gutzeit; rechts: Tanya Harding
Rückseite und Layout Innenteil: Grafiken verschied. Blätter: leaf-4604426_Gordon_Johnson auf Pixabay

Fotos: Daniel Brügmann, außer Seite 6, 8, 13, 58–65, 113 o., 114, 115 l.: Katja Mentzel; Seite 18, 41, 72,: Dirk Gutzeit; Seite 7: Max Rentner; Seite 9: Iris Lehnhardt; Seite 10: Anja auf Pixabay; Seite 11, 107: György Károly Tóth auf Pixabay; Seite 19: Tanya Harding; Seite 20: Julia Sehl-Ewert; Seite 29: Rita auf Pixabay; Seite 31: Artur Pawlak auf Pixabay; Seite 40 o. l. & o. r.: congerdesign auf Pixabay; Seite 40 u. l.: Hans Schwarzkopf auf Pixabay; Seite 42: Iris Lehnhardt; Seite 48: Pixabay (CC0); Seite 49: Ilo auf Pixabay; Seite 50: Larisa Koshkina auf Pixabay; Seite 51: Walther Thiel (aus „Naturführer für Kinder" S. 75, Demmler Verlag 2022); Seite 57 m.: Hans auf Pixabay; Seite 57 o.: Ralph auf Pixabay; Seite 57 u.: 20926038 auf Pixabay; Seite 66 m.: Jörn auf Pixabay; Seite 66 o.: Silvia auf Pixabay; Seite 66 u.: Nicole Hoenig auf Pixabay; Seite 70 m.: Jan Vašek auf Pixabay; Seite 70 o. l.: Robert Owen-Wahl auf Pixabay; Seite 70 o. r.: Jing auf Pixabay; Seite 70 u.: Felix Wolf auf Pixabay; Seite 71: jhenning von Pixabay; Seite 80 o.: Lola Rudolphi auf Pixabay; Seite 80 u. l.: Alexei auf Pixabay; Seite 80 u. r.: Stefan Schweihofer auf Pixabay; Seite 83: „Hedi von Saubruch und Hanna" von Isabell Urban; Seite 84: Anja Blank; Seite 86 o. r.: 165106 auf Pixabay; Seite 86 u. r.: Andreas Kaiser (CC BY-SA 3.0 DE Deed); Seite 96: Brian Gautreau (CC BY-SA 2.0 Deed); Seite 99, 100, 106: Sebastian Kapuhs (DJV); Seite 118: Peace,love,happiness auf Pixabay; Seite 119: Uwe Hämsch aus „Plauderei an der Thüringer Kaffeetafel", BuchVerlag Leipzig 2012

Texte: Katja Mentzel; außer Seite 7: Dr. Till Backhaus; Seite 9: Julia Blau, Landesjagdverband Mecklenburg-Vorpommern e. V.; Seite 96: aus „Kochen"; Seite 101, BuchVerlag Leipzig 2017; Seite 97–100: Michael Maikowski

Grafische Gestaltung: Ute Schmidt, Grafik-Design
Druck und Verarbeitung: Print Best OÜ, Viljandi

ISBN 978-3-89798-678-7